国家出版基金项目
NATIONAL PUBLICATION FOUNDATION

"十三五"国家重点图书出版规划项目
中国特色畜禽遗传资源保护与利用丛书

籽　鹅

刘国君　主编

中国农业出版社
北　京

图书在版编目（CIP）数据

籽鹅 / 刘国君主编 . —北京：中国农业出版社，
2020.1
（中国特色畜禽遗传资源保护与利用丛书）
国家出版基金项目
ISBN 978 - 7 - 109 - 26530 - 1

Ⅰ.①籽⋯　Ⅱ.①刘⋯　Ⅲ.①鹅—饲养管理　Ⅳ.
①S835.4

中国版本图书馆 CIP 数据核字（2020）第 014931 号

内容提要：本书内容涉及籽鹅品种起源、特征和生产性能，保护与利用产业化技术，繁育技术，营养与饲料，饲养管理、羽绒的分类与采集，疾病防控，鹅场建设等方面。可供广大鹅业从业人员、生产技术人员、基层畜牧兽医人员及相关科研人员参考、阅读。

中国农业出版社出版
地址：北京市朝阳区麦子店街 18 号楼
邮编：100125
责任编辑：肖　邦　孙　铮
版式设计：杨　婧　责任校对：刘丽香
印刷：北京通州皇家印刷厂
版次：2020 年 1 月第 1 版
印次：2020 年 1 月北京第 1 次印刷
发行：新华书店北京发行所
开本：720mm×960mm　1/16
印张：8.75　插页：4
字数：150 千字
定价：65.00 元

丛书编委会

本书编写人员

主　编　刘国君
编　者　刘国君　周景明　李同豹
审　稿　王志跃

我国是世界上畜禽遗传资源最为丰富的国家之一。多样化的地理生态环境、长期的自然选择和人工选育，造就了众多体型外貌各异、经济性状各具特色的畜禽遗传资源。入选《中国畜禽遗传资源志》的地方畜禽品种达500多个、自主培育品种达100多个，保护、利用好我国畜禽遗传资源是一项宏伟的事业。

国以农为本，农以种为先。习近平总书记高度重视种业的安全与发展问题，曾在多个场合反复强调，"要下决心把民族种业搞上去，抓紧培育具有自主知识产权的优良品种，从源头上保障国家粮食安全"。近年来，我国畜禽遗传资源保护与利用工作加快推进，成效斐然：完成了新中国成立以来第二次全国畜禽遗传资源调查；颁布实施了《中华人民共和国畜牧法》及配套规章；发布了国家级、省级畜禽遗传资源保护名录；资源保护条件能力建设不断提升，支持建设了一大批保种场、保护区和基因库；种质创制推陈出新，培育出一批生产性能优越、市场广泛认可的畜禽新品种和配套系，取得了显著的经济效益和社会效益，为畜牧业发展和农牧民脱贫增收作出了重要贡献。然而，目前我国系统、全面地介绍单一地方畜禽遗传资源的出版物极少，这与我国作为世界畜禽遗传资源大国的地位极不相称，不利于优良地方畜禽遗传资源的合理保护和科学开发利用，也不利于加快推进现代畜禽种业建设。

为普及对畜禽遗传资源保护与开发利用的技术指导，助力做大做强优势特色畜牧产业，抢占种质科技的战略制高点，在农业农村部种业管理司领导下，由全国畜牧总站策划、中国农业出版社出版了这套"中国特色畜禽遗传资源保护与利用丛书"。该丛书立足于全国畜禽遗传资源保护与利用工作的宏观布局，组织以国家畜禽遗传资源委员会专家、各地方畜禽品种保护与利用从业专家为主体的作者队伍，以每个畜禽品种作为独立分册，收集汇编了各品种在管、产、学、研、用等相关行业中积累形成的数据和资料，集中展现了畜禽遗传资源领域最新的科技知识、实践经验、技术进展与成果。该丛书覆盖面广、内容丰富、权威性高、实用性强，既可为加强畜禽遗传资源保护、促进资源开发利用、制定产业发展相关规划等提供科学依据，也可作为广大畜牧从业者、科研教学工作者的作业指导书和参考工具书，学术与实用价值兼备。

丛书编委会

2019 年 12 月

序言

　　我国是世界畜禽遗传资源大国，具有数量众多、各具特色的畜禽遗传资源。这些丰富的畜禽遗传资源是畜禽育种事业和畜牧业持续健康发展的物质基础，是国家食物安全和经济产业安全的重要保障。

　　随着经济社会的发展，人们对畜禽遗传资源认识的深入，特色畜禽遗传资源的保护与开发利用日益受到国家重视和全社会关注。切实做好畜禽遗传资源保护与利用，进一步发挥我国特色畜禽遗传资源在育种事业和畜牧业生产中的作用，还需要科学系统的技术支持。

　　"中国特色畜禽遗传资源保护与利用丛书"是一套系统总结、翔实阐述我国优良畜禽遗传资源的科技著作。丛书选取一批特性突出、研究深入、开发成效明显、对促进地方经济发展意义重大的地方畜禽品种和自主培育品种，以每个品种作为独立分册，系统全面地介绍了品种的历史渊源、特征特性、保种选育、营养需要、饲养管理、疫病防治、利用开发、品牌建设等内容，有些品种还附录了相关标准与技术规范、产业化开发模式等资料。丛书可为大专院校、科研单位和畜牧从业者提供有益学习和参考，对于进一步加强畜禽遗传资源保护，促进资源可持续利用，加快现代畜禽种业建设，助力特色畜牧业发展等都具有重要价值。

中国科学院院士
中国农业大学教授 吴常信

2019 年 12 月

前言

　　我国是世界上鹅品种资源最丰富的国家之一，也是养鹅数量及鹅产品消费量最多的国家之一。近年来，我国鹅产品的产量占世界总产量的90％以上，是世界上当之无愧的养鹅大国。鹅肉营养丰富、肉质鲜嫩，不饱和脂肪酸含量高，熔点低、消化率高，是营养学家所推崇的健康食品。鹅肥肝质地细嫩、口味鲜美、营养丰富，是被誉为"世界三大美食"之一的高档营养食品。鹅蛋的蛋白质中含有8种人体必需氨基酸，其含量比鸡蛋和鸭蛋高。随着我国经济发展和人民生活水平的提高，禽产品的消费已由过去的追求温饱向追求美味、营养、健康转变。从当前和今后一段时期国内外鹅产业的发展趋势看，鹅产品研究开发方兴未艾，将逐渐成为业界新宠，市场前景广阔。

　　我国地方鹅品种资源丰富，品种多样且各具特色，遗传资源极其丰富，其潜在的研究和利用价值不可估量。籽鹅属小型地方品种，原产于黑龙江省绥化市和松花江中下游地区，在黑龙江省特定的自然生态环境下封闭饲养已有悠久的历史，其生产性能相对稳定，具有繁殖率高、耐粗饲、耐寒、适应性强、羽绒质量好等特点，是一个适应黑龙江省自然条件且产蛋性能突出的地方品种，是杂交利用的优良母本。据史料记载，籽鹅年产蛋量在 100 个以上，最高者可达 180 个，被誉为"鹅中来航"。

本书分为九章，编写分工如下：第一、二、三、四章由刘国君编写，第五、六章由李同豹编写，第七、八、九章由周景明编写。本书内容翔实，图文并茂，覆盖面广，系统性、实用性与可操作性强，对广大鹅业生产者具有很强的实用价值和参考价值。

由于时间仓促，本书中不足和疏漏之处在所难免，恳请专家和读者批评指正！

编 者

2019 年 4 月

目　录

第一章
籽鹅品种起源、特性与性能

第一节　家鹅起源

家鹅起源于雁属（*Anser*）中的鸿雁（*Anser cygnoides*）和灰雁（*Anser anser*）。据考证，野生的鸿雁和灰雁经历漫长的驯化、选育过程，形成诸多家鹅品种。中国鹅的大多数品种起源于鸿雁；分布于新疆伊犁的鹅品种和欧洲的大部分鹅种则起源于灰雁。在外形上，两种起源的家鹅有着比较明显的区别，头部和颈部尤其明显。起源于鸿雁的家鹅头部有瘤状突起，公鹅较母鹅发达，颈较细、较长，呈弓形；起源于灰雁的家鹅头浑圆而无瘤状突起，颈粗短而直，而且保持着一定的野生特性，耐寒、耐粗饲、性情较野，具有一定飞翔能力，繁殖力低且季节性很强。同时，前者体形斜长，腹部大而下垂，前躯抬起与地面呈明显的角度；后者前躯与地面近似平行。

家鹅的野生祖先经过长期的自然选择和人工选择，在不同的社会环境和地理条件作用下，形成了不同体型外貌、生产性能各异的家鹅品种，在全球范围内的分布很广。在中国、非洲、欧洲等地都发现有驯化鹅的文化遗迹，表明家鹅的起源在世界上不仅限于一个地方一个时间，也不是由一个雁种驯化而来。在公元前 2 000 年的古埃及留存下来的壁画里，就出现过饲养家鹅的图画。我国养鹅历史悠久，据考古证明，我国鹅驯养始于距今 6 000 年的新石器时代，这是目前世界上养鹅最早的历史证据。在公元前 12 世纪前半叶的河南殷墟遗址中就曾发掘出一种家鹅的玉石雕刻，由此推断当时家鹅的饲养在我国已经比较普遍，所以才有可能被作为艺术品的创作对象。中国古代劳动人民逐渐积累总结了十分丰富的养鹅技术和经验，并在一定程度上促进了养鹅业的发展。

第二节　家鹅与其野生祖先主要异同点

鸿雁（*Anser cygnoides*）是雁形目鸭科雁属的鸟类，又叫原鹅、大雁、洪雁、冠雁、天鹅式大雁、随鹅、奇鹅、黑嘴雁、沙雁、草雁。鸿雁的体形略小于灰雁，体长为 80～90 cm，体重 2 850～4 250 g；背、肩三级飞羽及尾羽均呈暗褐色，羽缘淡棕色；下背和腰黑褐；前颈下部和胸均呈淡肉红色；头顶及枕部为棕褐色；头侧浅桂红色；喉棕红，颈白色，后颈正中呈咖啡褐色。鸿雁是中国家鹅的祖先（彩图 1）。

灰雁（*Anser anser*）是雁形目鸭科雁属的鸟类，又名大雁、沙鹅、灰腰雁、红嘴雁、沙雁、黄嘴灰雁。灰雁体形较大，雄性灰雁的体形略大于雌性，但羽色相似。头顶和后颈褐色，头侧、颏和前颈均呈灰色；胸腹污白色，并有不规则的暗褐色斑块；两肋淡灰褐色，羽端灰白，尾下覆羽纯白，前额绕嘴的基部有一条狭窄的白纹；虹膜褐色，嘴肉色（典型识别特征）；跗肉色，爪褐色。体长 82～90 cm，体重约 5 kg。灰雁是最常见的欧亚代表种，也是西方家鹅的祖先（彩图 2）。

家鹅是由野生的鸿雁和灰雁驯化而来的，它们至今仍保持一定的野生特性，表现为十分耐寒、耐粗饲，性情较野，有一定飞行能力，繁殖能力低且季节性很强。家鹅在许多方面具有不同于野生雁的特点，主要表现在成年体重普遍较重、飞行能力丧失等。野生雁是灰色的，而家鹅则多是白色的。家鹅骨骼变得更大、更强壮，觅食、交配等本能也变得更为强烈。家鹅的繁殖能力比野生雁明显提高。野生雁一年换羽 1 次，而家鹅在 10～11 周龄开始自然换羽，并且以后每过 6～7 周就换羽 1 次。野生雁有较强的飞翔和适应环境的能力，每年可以根据季节气候的转变有规律地迁徙；而家鹅则丧失了这一特性，表现为对当地的环境条件有着较强的依赖性。

第三节　品种形成与分布

一、品种形成

籽鹅（Zi goose）是在黑龙江省特定的自然生态环境下经过长期自然与人工驯化而形成的优良地方品种，具有繁殖率高、耐粗饲、适应性强、羽绒质量好等特点，尤其能在寒冷的气候和粗劣的饲料条件下保持高产，其产蛋量之多，为国内外所罕见，故农民称其为"籽鹅"。黑龙江省养鹅场（户）饲养的当地鹅主要是籽鹅和含有籽鹅血统的黑龙江白鹅（类群）。因此，籽鹅是黑龙江省养鹅生产的当家品种，是黑龙江省发展养鹅业的基础。

在黑龙江，籽鹅饲养已有悠久历史，并积累了丰富的饲养经验。每到孵化季节，农户相互串换高产鹅的种蛋进行繁殖。经过多年的选优去劣，在黑龙江省特定的气候和饲养条件下，形成了这一高产的地方良种。据调查，黑龙江省2005年籽鹅存栏约10万只。

二、品种分布

籽鹅主要分布于黑龙江省中西部地区，集中主产区为黑龙江省绥化和松花江地区，其中以肇东、肇源、肇州等县最多。此外，吉林省和辽宁省部分地区也有分布。

籽鹅主产区绥化市和松花江地区位于北纬43°26′—53°33′、东经121°11′—135°05′，海拔160～180 m；年平均气温4.2 ℃，最高气温39.8 ℃、最低气温−35.9 ℃；无霜期157 d。年均降水量415 mm，年日照时数2 600～2 900 h，属中温带大陆性季风气候；产区农作物主要有玉米、大豆、高粱等。

第四节　体形特征

成年鹅全身羽毛白色。头小，有肉瘤，多数有缨，部分个体有咽袋。颈细长，背平直，胸部丰满，尾羽短且上翘。公鹅体型和肉瘤较母鹅稍大，母鹅腹部丰满。喙、胫、蹼为橙黄色。皮肤淡黄色。虹彩蓝灰色。雏鹅绒毛黄色。公、母籽鹅及籽鹅鹅群见彩图3至彩图5。

籽鹅体重较轻，成年公鹅体重4.0～4.5 kg，母鹅体重3.0～3.8 kg。2007年全国品种资源普查时测定数据见表1-1。

表1-1　300日龄籽鹅公、母体重及体尺

性别	体重(kg)	体斜长(cm)	胸宽(cm)	胸深(cm)	龙骨长(cm)	骨盆宽(cm)	胫长(cm)	胫围(cm)	颈长(cm)	半潜水长(cm)
公	4.31±0.43	30.31±1.08	12.29±1.66	11.11±0.52	17.56±0.67	8.27±0.53	9.43±0.39	5.39±0.12	29.87±1.73	74.40±1.49
母	3.48±0.59	27.89±2.59	10.59±1.29	10.39±1.55	16.02±1.50	7.31±0.90	8.37±0.83	5.12±0.32	24.01±3.07	65.38±3.57

第五节 生物学特性

一、喜水性

鹅为水禽，喜欢在水中戏耍、清洁羽毛、觅食和求偶交配，良好的水源是养好鹅的重要条件。放牧鹅群应选择在水域宽阔、水质良好的地带。舍饲养鹅，特别是养种鹅时，应考虑设置洗浴池或水上运动场，供鹅群洗浴、交配之用。但是，鹅也有喜爱干燥的习性，鹅习惯于在干燥、柔软的垫草上休息和产蛋。因此，供鹅休息和产蛋的场所必须保持干燥，否则对生产不利。

二、草食性

籽鹅具有消化粗纤维的能力，适合放牧饲养，以觅食大量天然青绿饲料，因而饲养成本低，饲料报酬高。鹅开食可用嫩绿的菜叶，1周龄后可让其采食青草，1月龄后可全天候放牧，让其大量采食青草。在种鹅休产期可以青粗饲料为主、精饲料为辅，以降低养殖成本，并可调控产蛋时间。

三、合群性

家鹅由野雁驯化而来，雁喜群居和成群结队飞行，所以家鹅天性喜群居生活，行走时队列整齐，觅食时在一定范围扩散。在放牧时前呼后应，互有联络；出牧、归牧时有序不乱。从小养在一起的鹅，即使是数千只的群体，也很少有打斗的现象。这种合群性有利于鹅的规模化、集约化饲养。

四、警觉性

籽鹅的听觉敏锐，反应迅速。当遇到陌生人或其他动物时就会高声鸣叫，以示警告，有的鹅甚至用喙啄击或用翅扑击。长期以来，有的农家喜爱养鹅守夜看门。此外，籽鹅的警觉性还表现为容易受惊吓、易惊群等。所以，养殖生产中应尽量避免让籽鹅产生应激，为籽鹅创造舒适的生活环境。

五、耐寒性

籽鹅的羽绒厚密贴身，具有很强的隔热保温作用。此外，籽鹅的皮下脂肪较厚，掌上有特殊的结构和骨质层，均可抵御严寒的侵袭。籽鹅是怕热的动物。籽鹅有羽绒、厚的皮脂，但没有汗腺，气温高时，只能张开双翅和张口喘气来散热，或到水中游泳散热。炎热夏季要注意鹅群的防暑降温。

六、节律性

籽鹅具有良好的条件反射能力，活动节奏表现出极强的规律性。如在饲养时，放牧、交配、采食、洗羽、歇息和产蛋都有比较固定的时间。籽鹅的这种生活节奏一经形成便不易改变，如原来的产蛋窝被移动后，籽鹅就会拒绝产蛋或随地产蛋，因此，籽鹅饲养管理程序不要轻易改变。

七、抗逆性

籽鹅的适应性很强，对饲养管理条件要求不高，茅草棚、塑料大棚和其他简易建筑均可养鹅。籽鹅疾病少，对养禽业威胁较大的传染性疾病按自然感染发病率计，鹅平均比鸡少 1/3。

八、速生性

鹅生长速度较快，性成熟早，6 月龄即可开产。因此，饲养周期短，见效快。

九、等级性

在籽鹅群中，存在着等级序列。新鹅群中等级常常通过争斗产生。等级较高的鹅，有优先采食、交配和占领领地等权力。在一个鹅群中，等级序列有一定的稳定性，但是也会随着某些因素的变化而变化，如鹅在生病时地位下降。生产中，籽鹅群要保持相对稳定，频繁调整鹅群，打乱业已存在的等级序列，不利于鹅群生产性能的发挥。

第六节　生产性能

籽鹅适应性强，产蛋性能高，能在寒冷的气候和粗劣的饲养条件下保持高产。籽鹅羽毛生长较快，出生 20 日龄左右长出尾羽，60 日龄全身羽毛长全。14 周龄公鹅屠宰率 81.1%～83.9%，母鹅 80.3%～82.6%；未经育肥的成年鹅半净膛屠宰率，公鹅为 80.65%，母鹅为 83.78%；全净膛屠宰率，公鹅为

74.84%，母鹅为 70.27%。

籽鹅成熟早，但无就巢性，公、母配种比例为 1:(5～7)，6 月龄左右开产，年产蛋量 100 个左右（个体鹅最高年产蛋量可达 180 个）。养鹅精心的农户，冬季将鹅赶到屋里过夜，并补给夜食，也能照常产蛋；有的鹅边换羽边产蛋。籽鹅的蛋壳为白色，平均蛋重 133.27 g，种蛋受精率在 90% 左右，受精蛋孵化率在 90% 左右。春季受精率可达 90% 以上，受精蛋孵化率 85% 以上。籽鹅以产蛋性能高而著称，多用于系统选育或培育蛋鹅的高产品种，也可用于改良某些品种的繁殖性能，是杂交配套系的优良母本。

2007 年全国品种资源普查时进行了集中测定，数据见表 1-2、表 1-3、表 1-4。

表 1-2　籽鹅 0～13 周龄体重（g）

周龄	公	母	周龄	公	母
0	90±9.83	84.5±10.45	7	2 283±132.33	2 083±216.05
1	215.83±29.07	214±18.45	8	2 560.3±133.97	2 310±196.70
2	399±53.97	394.67±51.66	9	2 769.7±127.59	2 530.7±178.94
3	730±173	711.33±138.56	10	2 909.3±132.56	2 651.8±177.32
4	1 103.3±130.6	1 039.3±133.52	11	3 007±132.77	2 741.5±177.29
5	1 500±124.98	1 379.7±164.54	12	3 089±131.18	2 815.7±176.87
6	1 933±114.08	1 767±198.90	13	3 145.3±129.05	2 860.8±176.12

表 1-3　籽鹅屠宰测定

日龄	性别	活重（kg）	屠体重（kg）	屠宰率（%）	半净膛重（kg）	半净膛率（%）	全净膛重（kg）	全净膛率（%）	腹脂重（g）	腿肌重（g）	胸肌重（g）
56	公	2.638±0.09	2.286±0.07	86.65±1.08	2.034±0.06	76.00±1.07	1.763±0.07	59.38±1.26	13.83±4.29	292.33±15.18	143.33±16.68
	母	2.300±0.21	2.013±0.18	87.15±1.24	1.766±0.18	75.66±1.70	1.534±0.18	59.32±4.57	7.59±5.28	245.50±46.43	126.93±21.78
300	公	4.314±0.43	3.749±0.49	86.70±4.32	3.409±0.45	78.01±3.05	3.056±0.39	70.68±2.78	—	494±83.24	609.00±111.13
	母	3.485±0.59	2.998±0.503	86.08±1.77	2.756±0.47	79.10±1.74	2.473±0.40	70.78±2.08	94±31.40	381.33±59.51	399.66±67.72

表 1-4　籽鹅蛋品质测定

蛋重（g）	蛋形指数	蛋壳厚度（mm）	蛋的相对密度	蛋黄色泽	蛋壳色泽	哈氏单位	蛋黄比率（%）
133.27±20.34	1.529±9.21	0.574±5.13	7.0±1.03	7.5±0.67	白色	74.55±8.68	33.425

第七节　保种情况

在黑龙江，籽鹅一直是以农村散养为主，随着养鹅业的快速发展，养殖者单纯追求经济效益，加之缺少保种场，导致籽鹅杂化严重，数量减少，出现了特征不明显、生产性能下降等现象。截至 2018 年，全省范围内存栏含籽鹅血统的当地黑龙江白鹅大约 1 200 万只，但是纯种籽鹅较少，大约 10 万只。黑龙江省鹅育种中心从 2003 年开始对籽鹅进行选育，但由于经费等因素的制约，进展速度较慢，群体数量尚无法达到大面积推广的程度。

黑龙江省政府及相关部门十分重视籽鹅的品种保护与产业发展，1960 年成立了黑龙江省畜禽委员会，制定了统一育种方案，开始有计划地选育良种工作。1979 年曾专门组织了以杨山教授为组长的家禽调查专家组，对籽鹅等家禽品种进行了普查，省畜牧局组织编印了《黑龙江省家畜家禽品种志》，对籽鹅等品种进行适当的保护。2007 年结合农业部的全国品种资源普查，黑龙江省又重点对籽鹅进行了全面调查，获取了详细资料，随后组建了保种场和原种场。

第二章

籽鹅品种保护与利用产业化技术

近年来，世界鹅业迅猛发展，在总体上呈现良好态势，无论是发达国家还是技术相对落后的发展中国家均越来越重视鹅的技术研究与推广工作。鹅全身都是宝，鹅产品以其优良特性而备受世人青睐。

我国是世界上鹅品种资源最丰富的国家，也是养鹅数量及鹅产品消费最多的国家。近年来，我国鹅的产量占世界鹅总产量的 90％以上，养鹅业是我国在世界上为数不多竞争对手少、比较优势显著的畜牧产业。

黑龙江省养鹅历史悠久，广大劳动人民有养鹅的传统和丰富的养鹅经验；加之地理位置优越，有利于繁殖、肥肝、羽绒等生产性能的发挥；由于饲料资源充裕，相对于我国南方各省份来说，更适宜发展养鹅产业。同时，黑龙江省鹅品种资源丰富，拥有籽鹅、黑龙江白鹅等产蛋性能优良的地方品种，以及引进的莱茵鹅、朗德鹅等世界优良品种。所以，黑龙江省在发展养鹅业方面有着得天独厚的资源优势。2003 年，黑龙江省委、省政府实施了"主辅换位"和发展效益型畜牧业战略。近年来，黑龙江省养鹅业迅速发展，已经跻身于全国养鹅大省的行列。据统计，2006 年末全省大鹅存栏和出栏分别达 1 567 万只和 4 600 万只，比 2003 年（963 万只和 2 500 万只）分别增长 62.72％和 84％，大大高于全国平均增长水平。近几年来持续稳定发展，出栏保持在 4 500 万只左右。总的来说，黑龙江省鹅产业发展呈现出以下特点：

1. 养殖数量增多，规模比重增大　目前黑龙江省已跻身全国养鹅大省之列。据统计，2012 年出栏 50 万只以上的县（市、区）25 个，出栏量约占全省出栏总量的 60％。其中，绥化北林、肇州、肇东、海伦、依安、肇源、大庆辖区、五常、安达、桦南等地年出栏量超过 100 万只。2012 年出栏 200 只以上的养殖户3.9万个，出栏500～1 000只的养殖户5 530个，出栏1 000只以上的养鹅场（户）1 520个。近几年来，全省鹅规模饲养比重一直维持在45%以上。

2. 产品加工能力增强，产品种类增多　目前，全省共有以鹅为主的屠宰厂180家，其中年屠宰加工能力在100万只以上的规模厂有26家。省内80%以上的县（市、区）都有鹅的屠宰加工厂，设计年屠宰加工能力超1亿只。全省有羽绒加工厂7家，年加工能力达1 000 t。加工企业中，比较有代表性的是黑龙江对青鹅业集团和合隆羽绒集团。

3. 经济效益显著　一是过去传统饲养法商品鹅赢利5～10元/只，现在采用科学饲养法商品鹅赢利15～20元/只；二是与奶牛、生猪等传统产业相比，养鹅业具有投资少、周期短、见效快和资金回报率高等诸多优势。如在2007年，扣除饲养成本商品鹅养殖者每只鹅净赚25～30元，有的甚至高达50～60元，其投资回报率达100%～200%；而饲养1头每胎次产奶量7 t的奶牛年均纯效益仅为2 000元左右，其投资回报率至多为25%。2013年商品鹅养殖者每只鹅就净赚了25～35元。

4. 区域特色明显　目前，黑龙江省养鹅业发展区域特色明显，主要集中在绥化、大庆、哈尔滨和齐齐哈尔等草原资源丰富的地区。现已形成了以绥化、齐齐哈尔、大庆等为主产地，其他地区为辅的鹅养殖格局，松嫩平原地区鹅的年饲养量占全省年饲养量的60%以上，这与各地的自然资源状况有着密切的关系。松嫩平原地区草原丰富、泡泽遍布，适合放牧养殖，以此来发展鹅养殖生产可以大大节约饲养成本，提高经济效益。中东部地区则大多利用荒山、草坡、沟塘等采取半舍饲、种草养鹅和秸秆发酵的养殖模式。总之，各地区的广大养殖者都能够充分利用当地的资源优势并结合自身的实际情况发展鹅产业。

籽鹅是优良的地方品种，但由于开发迟缓，生产上仍处于原始小农状态，商品化和产业化程度较低。当务之急是建立育种场，引进相应的育种设施设备以及选择合适的育种方法。对籽鹅品种选育、品系选育和配套系杂交利用需要进一步研究与推广，培育适应不同区域市场特色的专门化品种（系）并组成配套系，从而实现产业化。

随着鹅业的发展，养殖者科学的饲养意识不断加强，籽鹅的生理生化及饲料配制技术的系统研究也趋向于规范生产。籽鹅及其杂交鹅的生产已逐渐由小

型分散饲养向集约化、专业化方式转变，有望改变"小规模，大群体"的粗放模式并推行集约化生产。通过政府扶持与企业自身努力相结合，先让中小型养鹅场做大做强，再让小型养鹅户有所依托，逐渐形成集约化、产业化生产模式。

第一节　籽鹅品种纯繁与选育

长期以来，有关籽鹅的基础性研究以及保护工作开展得相对较少，同时由于缺乏系统的选育和性能测定，籽鹅的某些生产性能有所降低。1980年，东北农学院刘凤仪与黑龙江省畜牧研究所范景和、李德贵先后赴肇东、阿城、泰来、富裕、明水、青岗6个县10个公社15个大队和20个小队进行了调查，分别对品种的形成与分布、体型外貌、生产性能、饲养管理、繁殖性能进行了调研，并提出了选育意见，但未能得到实施。籽鹅由于长期未能有组织地选育，加之饲料缺乏，母鹅与其他白鹅或雁鹅杂交，造成品种混杂产蛋量下降，使籽鹅的数量锐减，而籽鹅公鹅更是到了寥寥无几的境地。因此，保护仅有的纯种籽鹅并对籽鹅进行提纯复壮是非常必要的。近些年，对籽鹅的研究有所重视，对籽鹅的保护工作逐渐开展起来。对籽鹅进行合理的选育与提纯，并结合科学的饲养管理，是提高其生产性能的有效途径。

近几年，黑龙江省养鹅产业迅猛发展，地方雏鹅供不应求，每年需从南方引进大量的浙东白鹅、皖西白鹅、四川白鹅、豁眼鹅等的雏鹅和种鹅，又先后从国外引进一定数量的莱茵鹅和朗德鹅种鹅。引进的种鹅与本地籽鹅盲目杂交，加之对籽鹅保种选育工作不完善，使籽鹅的优良特性逐渐丧失。2006年，孙凤等对籽鹅进行了闭锁选育，开展了籽鹅品种提纯的研究工作；这一研究为籽鹅的经济杂交提供了纯种亲本，推动了籽鹅的品种选育工作，建立了体型外貌较为一致、生产性能较高的核心群。2006年，陈清[1]和李馨[2]等分别开展了对籽鹅生长发育规律的研究，为今后籽鹅的深入研究、保护利用以及鹅的新品种（品系）培育和鉴定工作提供理论依据。2008年，周瑞进[3]等研究测定了籽鹅各项体尺指标，初步建立籽鹅的各项体尺指标的参考值和参考范围。黑龙江省畜牧研究所鹅育种中心设有"籽鹅保种基地"，自2008年至今，对籽鹅的保种及选育进行了大量的研究；如对籽鹅高繁殖性能的提纯复壮选育，选育籽鹅高繁殖和生长性能，探讨现今籽鹅早期生长发育随周龄增长的变化规律以及饲料转化率的变化规律等，为籽鹅的产业化生产提供科学依据，为籽鹅的培育提供参考依据。2009年，陈遇英等[4]将黑龙江籽鹅作为母本、莱茵鹅作为父本进行杂交，并进行杂交后代增重效果研究，不仅利用了籽鹅的优良品种特征，而且改良了当地鹅普遍个体小、生长速度慢的状况。2011年，姜冬梅等[5]测定了籽鹅的16项屠宰指标，并进行了相关性分析，初步建立了籽鹅屠宰指标的参考值，同时研究也提示籽鹅出现了一定程度的退化。

产蛋性能的改善和提高一直是家禽遗传育种工作的重点之一，而籽鹅以高产蛋性能著名，很多学者针对其这一特性进行了大量的研究。2006年，毕秀平[6]和孙凤[7]分别做了有关提高籽鹅生产性能的研究。2009年，蔡军[8]从新屠宰的雌性籽鹅脑垂体中提取总RNA，并获得籽鹅促卵泡激素β亚基cDNA片段，进行鉴定、测序，将测序结果与绵羊、水牛、鸡、鸭等的相应基因及氨基酸序列进行同源性分析；结果显示，籽鹅促卵泡激素β-亚基基因序列和其他动物一样，都有较高的保守性。籽鹅的产蛋性能突出，很多学者以籽鹅为素材来研究鹅的产蛋性能和构建鹅卵巢组织cDNA文库。2010年，董重阳[9]采用SMART技术构建籽鹅卵巢组织cDNA文库，以期能够找出与鹅产蛋性能相关的基因信息。2010年，康波[10]成功构建了籽鹅卵巢组织消减cDNA文库，并筛选得到了15个可能在产蛋前期和产蛋期籽鹅卵巢组织中差异表达的ESTs，它们可能在鹅产蛋过程中起着重要的调控作用。2011年，康波[11]等进一步证实，铁蛋白重链基因和8个新ESTs在产蛋期籽鹅卵巢组织中高效表达，铁蛋白重链基因和8个新ESTs可能参与籽鹅卵巢功能的调节并影响籽鹅的产蛋性能；同时量化了这些基因在产蛋前期和产蛋期籽鹅卵巢组织中的mRNA表达水平，旨在为揭示鹅产蛋过程的分子调控机理以及鹅产蛋性能分子标记辅助选择的研究奠定基础。黑龙江八一农垦大学动物科技学院生化与分子生物学研究室利用籽鹅开展产蛋性状调控机制的研究。2010年，王丹[12]等，克隆并分析籽鹅卵巢产蛋性能相关基因 $EST\ 1$ 的全长cDNA序列，对 $EST\ 1$ 基因在籽鹅产蛋前期与产蛋期卵巢中mRNA表达水平进行检测，并对该基因全长cDNA序列进行克隆；初步确定 $EST\ 1$ 基因为籽鹅α-烯醇化酶蛋白基因，推测该基因可能参与籽鹅产蛋性能的分子调控，为筛选籽鹅产蛋性能相关候选基因及实施基因标记辅助选择提供理论依据，也为进一步确定籽鹅产蛋性状的主效基因及基因功能奠定基础。2011年，宿甲子等进一步证实了这5个基因ESTs（ $EST\ 4$ 、 $EST\ 5$ 、 $EST\ 6$ 、 $EST\ 7$ 、 $EST\ 8$ ）参与鹅产蛋性状的分子调控。2007 年，潘迎丽[14]就籽鹅的肉质特性进行了研究。籽鹅与国内地方鹅比较，屠宰率、胸腿肌比率居中，而腹脂率较高。籽鹅的脂肪含量较高，矿物质营养价值较优，屠宰性能较好，但是存在体型小、产肉量少的缺点，可以利用选育提高和杂交改良的方式进一步提高肉用性能。

鹅血浆某些生化指标的含量和活性既能反映物种特征，又可作为疾病诊断的依据。很多学者对籽鹅的血液进行了相关研究。2006 年，康波[15]、杨焕民等，建立了籽鹅血液生化指标的正常参考值和正常参考范围。2010 年，薛茂云[16]就籽鹅血液某些生化指标进行测定，并与其 180 日龄的屠宰性状及内脏器官若干指标进行表型相关性分析，以期为籽鹅的育种和生产提供科学依据。

近些年来，很多学者从生物学角度对籽鹅开展研究，旨在为品种的杂交改良和饲养管理的改善提供基础理论资料。2006 年，李馨[17]等对籽鹅生长期生长轴部分激素水平及 IGF-Ⅰ mRNA 表达量进行研究。2008 年，赵文明[18]等对籽鹅进行了单核苷酸多态性分析，并检测了其多态性，为今后的生物学特性的深入研究提供基础的科学数据和基本的理论依据；同时证明血清生化指标可以作为生化遗传标记性状用于籽鹅今后的育种研究，为提高早期生长速度的同时降低腹脂提供参考。同年，马腾宇[19]等通过饲喂参照 NRC（1998）推荐的营养需要量和我国饲料成分及营养价值表（2002）所配制的饲粮，得出了籽鹅采食量、产蛋性能方面及产蛋中后期血清中生殖激素含量的基础数据，填补了籽鹅生理数据的空白，为今后研究籽鹅生殖生理、产蛋性能及生殖激素与抱性方面的学者提供基础数据和科学依据。2009 年，郭景茹[20]克隆了籽鹅 FSH α亚基的编码基因，并构建了籽鹅该基因的原核表达载体，为籽鹅 FSH α亚基基因在提高籽鹅产蛋性能等方面的研究奠定基础。2011 年，邓效禹[21]等分离籽鹅垂体组织特异性表达的功能基因，以籽鹅垂体组织为试验材料，构建了籽鹅垂体组织的全长 cDNA 文库。

一、纯繁扩群

将收集到的籽鹅、黑龙江白鹅以及已被驯化培育成为本地良种的莱茵鹅，按各自的品种特征，进行严格地选择，建立育种基础群，然后以个体选育为基础，组成若干家系，每个家系由 40 只母鹅和 10 只公鹅组成，再以家系选育为基础进行闭锁纯繁。

纯繁后的三个品种，在放牧加补饲的相同饲养管理条件下，测定了 1～10

周龄各品种体重的生长发育变化情况见图2-1。

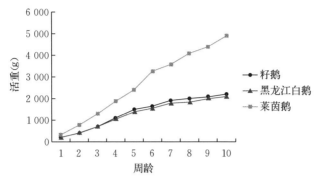

图2-1 三个品种鹅1~10周龄体重的生长发育

从图2-1可以看出，在较粗放的饲养条件下，莱茵鹅（149只）的生长速度最快，两个地方品种中籽鹅（142只）生长速度较黑龙江白鹅（122只）略快。经统计分析，莱茵鹅与两个地方品种10周龄体重差异极显著（$P<0.01$），两个地方品种之间10周龄体重差异不显著。

二、籽鹅提纯选育

对籽鹅进行了提纯选育工作。在试验条件下，选育群籽鹅经过三个世代的提纯选育，生长速度明显加快（120日龄体重的公、母鹅平均体重由零世代3 990 g提高到三世代的4 250 g）。繁殖期（2月15日至6月30日）产蛋量由零世代56枚提高到三世代63.4枚。籽鹅各阶段的平均体重与籽鹅各世代的产蛋性能见表2-1、表2-2。

表2-1 籽鹅各阶段的平均体重（g）

项目	零世代	一世代	二世代	三世代
个体数（只）	168	150	142	166
出生重	71.2	73.4	75.5	76.1
标准差	8.6	7.9	7.9	7.6
7日龄体重	207.0	210.0	212.0	298.0
标准差	31.1	32.4	41.9	42.1
14日龄体重	375.0	390.0	397.0	563.3
标准差	52.5	55.2	61.8	74.3

（续）

项目	零世代	一世代	二世代	三世代
21日龄体重	677.0	676.4	706.0	770.5
标准差	83.5	85.3	87.0	95.5
28日龄体重	987.0	957.3	1 082.7	1 099.0
标准差	156.9	146.5	161.3	157.8
35日龄体重	1 295.0	1 255.6	1 483.2	1 374.8
标准差	181.3	176.9	206.4	171.8
42日龄体重	1 518.1	1 501.1	1 630.5	1 644.2
标准差	237.7	217.6	230.0	212.9
49日龄体重	1 732.0	1 757.7	1 898.3	1 889.1
标准差	242.5	204.6	239.6	228.6
56日龄体重	1 827.0	1 857.8	2 010.0	2 350.0
标准差	232.7	220.6	221.7	264.1
120日龄体重	3 990.0	4 100.0	4 200.0	4 250.0
标准差	702.7	656.9	639.1	627.7

表 2-2　籽鹅各世代的产蛋性能（繁殖期）

项目	零世代	一世代	二世代	三世代
个体数（只）	180	175	170	180
产蛋量（枚）	56.0	58.1	62.0	63.4
标准差	6.2	5.7	6.0	6.0

第二节　籽鹅杂交利用研究

一、以莱茵鹅为父本与籽鹅杂交试验研究

为了发挥籽鹅群体的高繁殖特性，引进肉用性能优良的莱茵鹅，在相同的饲养管理条件下，以莱茵鹅为父本，与籽鹅进行杂交，观测其后代的生长发育、产绒的效果，测定结果参见图 2-2、表 2-3。

（一）生长发育试验

试验结果表明，杂交组合后代 10 周龄莱茵鹅×籽鹅（107 只）仔鹅活重

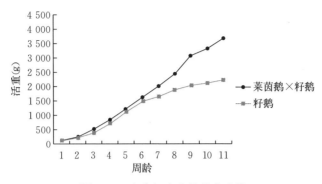

图 2-2　杂交组合生长发育比较

为 3 680 g。经过统计分析，莱茵鹅×籽鹅 10 周龄体重与籽鹅（142 只）10 周龄体重差异为极显著（$P<0.01$），杂交优势十分显著。

（二）产绒量试验

绒的采集是分三次进行。第一、二次是活体采集，第三次是屠宰采集。分别在 6 月 25 日、8 月 25 日和 11 月初进行。

表 2-3　产绒性能比较表（g）

品种	只数	第一次		第二次		第三次		总计		含绒率（%）
		毛片重	绒重	毛片重	绒重	毛片重	绒重	毛片重	绒重	
莱茵鹅	55	57.84	32.44	115.12	51.54	107.00	47.02	279.96	131.00	31.88
杂交鹅	56	86.65	40.93	109.50	43.90	94.08	38.20	290.23	123.03	29.77
籽鹅	54	59.03	22.45	84.00	27.60	76.35	26.53	21.38	76.58	25.88

从表 2-3 得知，莱茵鹅产毛 410.96 g，其中绒 131.00 g，含绒率 31.88%；杂交鹅相应值为 413.26 g、123.03 g 和 29.77%；籽鹅相应值为 295.96 g、76.58 g 和 25.88%。杂交改良鹅比籽鹅提高产绒量 46.45 g，含绒率提高 3.89%，差异极显著（$P<0.01$）。

试验表明，用杂交配套系生产的良种商品鹅生长速度快，产毛多，含绒率高。以籽鹅为母本与莱茵鹅杂交配套是发展商品鹅生产的良好途径。

二、杂交生产鹅肥肝试验研究

利用肥肝性能好的朗德鹅为父本，繁殖率高的籽鹅为母本，进行 2 年、2

批次杂交试验，获得肥肝性能较好、生活力强和数量更多的杂交商品鹅用于肥肝生产。

第一期试验从 2004 年 4—12 月结束，各品种鹅的填饲体重、肥肝重和肝料比结果见表 2-4。

表 2-4　各品种鹅的填饲体重、肥肝重和肝料比

品　种	平均体重（kg）	平均肥肝重（g）	平均肝料比
朗德鹅	7.8	656.5	1∶21.4
莱茵鹅	7.2	384.4	1∶28.5
F₁鹅	7.1	303.8	1∶48.3
籽　鹅	6.8	197.5	1∶64.5

由表 2-4 可见，朗德鹅、莱茵鹅和 F_1 鹅的平均肥肝重分别为 656.5 g、384.4 g 和 303.8 g，均达到技术指标（300 g），经统计分析，各品种间肥肝重差异显著。

第二期试验从 2005 年 1 月开始，10 月中旬进行填饲试验，纯种鹅的重复试验填饲体重、肥肝重和肝料比见表 2-5，杂交鹅的填饲结果见表 2-6。

表 2-5　纯种鹅的填饲体重、肥肝重和肝料比

品　种	平均体重（kg）	平均肥肝重（g）	平均肝料比
朗德鹅	9.04	950.50	1∶22.55
莱茵鹅	7.20	385.60	1∶28.90
籽　鹅	6.46	230.00	1∶71.65

表 2-6　不同杂交组合填饲肥肝情况

品　种	平均填饲前体重（kg）	平均宰前体重（kg）	平均增重率（%）	平均肥肝重（g）	平均耗料量（kg）	平均肝料比
朗德鹅	5.47	9.04	65.3	950.50	21.43	1∶22.55
朗德鹅×籽鹅	5.30	8.58	61.9	505.71	22.78	1∶45.05
朗德鹅×莱茵鹅	5.34	8.58	60.7	464.37	23.15	1∶49.85

由表 2-6 可见，三组试验群的平均肝重分别为 950.50 g、505.71 g 和 464.37 g，均达到了生产肥肝的要求。经统计分析，朗德鹅与其他两组杂交鹅间差异极显著（$P < 0.01$）。

虽然籽鹅品种体型偏小，但繁殖力高。通过与国外引进的肥肝性能好的鹅种杂交，可以快速生产出更多数量、肥肝性能好的杂交鹅，用于肥肝生产，加快鹅肥肝产业化的步伐。

三、优质绒裘皮鹅生产技术的研究

引进优良肉毛兼用品种鹅——莱茵鹅，以其为父本，与籽鹅、黑龙江白鹅等本地鹅种进行杂交，对生产出的纯繁和杂交鹅雏采用科学的饲养管理方法培育，最终筛选出体型大、绒毛生长好的裘皮品种或杂交组合。

（一）不同品种、季节试验

试验从春季开始，选择成年莱茵鹅、籽鹅和黑龙江白鹅各50只，按公母比例1：4分成三个纯繁组；再选择成年莱茵鹅公鹅30只，成年籽鹅和黑龙江白鹅各40只，按公母比例1：4分成三个杂交组。在相同的饲养管理条件下分群饲养，收集相同日龄的种蛋在相同的条件下同机孵化，对所生产出的鹅雏每组分别挑选出100只，以纯繁组为对照组，在相同的饲养管理条件下进行对比试验。分别在4月龄（9月末）、5月龄（10月末）和7月龄（12月末）屠宰取皮，比较皮张的优劣，从而确定优秀组合。不同品种、季节鹅绒裘皮品质试验结果见表2-7。

表2-7 不同品种、季节鹅绒裘皮品质

组合	4月龄（9月末）	5月龄（10月末）	7月龄（12月末）
莱茵鹅	皮张大，大羽毛长齐、绒羽未齐，毛口松	皮张大，大羽毛长齐、绒羽长齐，毛口松	皮张大，大羽毛长齐、绒羽长齐，毛口较松
籽鹅	皮张较小，大羽毛长齐、绒羽长齐，毛口紧	皮张较小，大羽毛长齐、绒羽长齐（较浓密），毛口紧	皮张较小，大羽毛长齐、绒羽长齐（浓密），毛口紧
黑龙江白鹅	皮张较小，大羽毛长齐、绒羽长齐，毛口紧	皮张较小，大羽毛长齐、绒羽长齐（较浓密），毛口紧	皮张较小，大羽毛长齐、绒羽长齐（浓密），毛口紧
莱茵鹅×籽鹅	皮张较大，大羽毛长齐、绒羽长齐，毛口紧	皮张较大，大羽毛长齐、绒羽长齐（较浓密），毛口紧	皮张较大，大羽毛长齐、绒羽长齐（浓密），毛口紧
莱茵鹅×黑龙江白鹅	皮张较大，大羽毛长齐、绒羽长齐，毛口紧	皮张较大，大羽毛长齐、绒羽长齐（较浓密），毛口紧	皮张较大，大羽毛长齐、绒羽长齐（浓密），毛口紧

（二）绒裘皮鹅取皮时间试验

设置不同生长日龄、不同季节采集裘皮。根据当地的气候条件及以往的研究成果和经验，设置了1年、2年两个梯度，每个梯度设置了3个水平即9月末、10月末和12月初。不同取皮时间鹅绒裘皮品质见表2-8。

表2-8　不同取皮时间鹅绒裘皮品质

年龄	9月末	10月末	12月初
1年	大羽毛长齐、绒羽长齐，毛口紧	大羽毛长齐、绒羽长齐（较浓密），毛口紧	大羽毛长齐、绒羽长齐（浓密），毛口紧
2年	皮张较厚，大羽毛长齐、绒羽长齐，毛口紧	皮张厚实，大羽毛长齐、绒羽长齐（较浓密），毛口紧	皮张厚实，大羽毛长齐、绒羽长齐（浓密），毛口紧

试验结果表明，从季节上看，鹅取皮的较佳时间是10月末到12月；从年龄上看，鹅取皮的较佳时间是2年。

经过两次重复试验可见，较佳品种是莱茵鹅×籽鹅配套系和籽鹅；较佳的取皮时间是11—12月初。优质绒裘皮效果见彩图6。

第三章
籽鹅的繁育

第一节　鹅的繁殖

鹅的繁殖是养鹅生产中的关键环节，也是加速鹅品种改良的重要手段。为此，必须了解和掌握鹅的繁殖特性和生殖行为及规律、配种方法、配种年龄和性比、种鹅的利用年限、鹅群结构，以便使种鹅的繁殖潜力得到充分发挥。

一、鹅的繁殖特性

（一）季节性

鹅繁殖规律的最大特点是有明显的季节性。在此需特别强调的是，因长期所处的地理位置不同，其繁殖季节存在着明显的时间上的差异。每年的 2—7 月为北方鹅种的产蛋期，即光照由短变长有利于北方鹅种的繁殖；每年的 10 月至翌年的 2 月为南方鹅种的产蛋期，即光照由长变短有利于南方鹅种的繁殖。

（二）择偶性

鹅群中有一定数量的公母鹅属单配偶性，这些公鹅只和某些固定母鹅交配。鹅的单配偶性是影响种蛋受精率的主要原因之一。

（三）产蛋规律

鹅的产蛋规律与鸡和鸭不同，鹅的产蛋在前 3 年随年龄的增长而逐年提

高，到第 3 年达到高峰，第 4 年开始下降。为此，种鹅群应以 2～3 年龄的鹅为主组群较理想。

二、鹅的生殖行为及规律

公母鹅交配时，公鹅的阴茎勃起并伸入母鹅的阴道内，精液从输精管射出并沿阴茎的射精沟进入母鹅的阴道部；公鹅的射精量很少，一般不到 1 mL，但所含精子的浓度很大。精子依靠自身的运动而逆行到漏斗部，落入漏斗部的卵子与精子结合而受精，成为受精卵。沿输卵管逐渐向后推送，同时开始早期的胚胎发育，但产出后胚胎发育暂时停止。在一定条件下又继续发育，直至破壳而出成为雏鹅。母鹅在交配后，有一大部分精子贮存于阴道部的阴道腺和漏斗部，在以后的 8～10 d 内可以持续使卵子受精。没有交配过的母鹅也能排卵产蛋，这种蛋因没有经过受精作用，所以不能孵出雏鹅。

人工光照、环境温度、营养、饲喂量、年龄、交配次数等因素对卵巢发育、卵子成熟、睾丸大小、精子的形成、精液量等都有明显影响。

三、配种方法

（一）自然交配法

将选择好的公母鹅按比例进行饲养，让其自然交配，一般受精率较高。

1. 小间配种　这是育种场常用的配种方法。在一个小间内，只放一只公鹅，按不同品种最适的配种比例放入适量的母鹅。设有自闭产蛋箱集蛋，其目的在于收集有系谱记录的种蛋。也可用探蛋结合装蛋笼法记录母鹅产蛋。探蛋是指每天午夜前逐只检查母鹅子宫内有无要产出的蛋，而将要产蛋的母鹅单独放入产蛋笼的一种方法。

2. 人工辅助配种　公鹅体型大，母鹅体型小，自然交配有困难，需人工辅助使其顺利完成交配。其方法是人工辅助配种前，先把公母鹅放在一起，让其彼此熟悉。配种时先把母鹅的两腿和翅膀轻轻捉住，摇动引诱公鹅接近，当公鹅跨上母鹅背时，将母鹅尾羽向上提，完成交配。

（二）人工授精技术

1. 人工授精的优点　所配母鹅数比自然配种高 3～6 倍，可大大提高公鹅的利用率；由于人工授精操作过程进行了严格消毒，避免了公母鹅生殖器官的接触，防止生殖器官传染病的蔓延，防止母鹅漏配，使受精率明显提高；因公鹅用量少，可以优中选优，提高了公鹅的质量，延长了公鹅的使用年限，同时节省了饲料和管理费用，增加了经济效益；加快鹅的选种选配，培育新品种的过程；克服了因公母鹅个体差异悬殊而造成的交配困难。

鹅的人工授精过程包括公鹅的采精、精液品质的检查、精液的稀释和保存、母鹅输精等几个环节。公鹅常用的采精方法有台鹅诱情法和按摩采精法。台鹅诱情法，即使用母鹅为台鹅，将母鹅固定在诱台上（离地 15 cm），然后放出经调教过的公鹅，公鹅会立即爬跨台鹅，当公鹅阴茎勃起伸出交尾时，采精员迅速将阴茎导入集精杯而获取精液的方法。

2. 种公鹅的按摩采精方法

（1）公鹅采精前的准备

① 公鹅的选择　公鹅选择的好坏是鹅人工授精技术的成败关键之一。当公鹅达到性成熟以后，通过背腹按摩法，把阴茎长度大于 4 cm 以上，阴茎直径大于 0.8 cm 的公鹅暂留种用。用于人工授精的种鹅，在配种前一个月再进行一次选择。即在采精前，先将公母鹅分开饲养，通过背腹按摩经 5～7 d 调教，15～30 s 内阴茎能勃起，一次射精量为 0.4～1.3 mL，精子密度为 6 亿个/mL 以上，精子活力在 60% 以上者留作种用，否则予以淘汰。

② 公鹅采精前的准备　公鹅按摩采精前需进行调教，先把公鹅肛门周围的羽毛剪掉，以便采精时减少精液的污染可能；公鹅采精前 4 h 应停止喂料，以便防止采精时排便而污染精液。

（2）背腹按摩法采精

① 保定　采精时，由保定人员抓鹅，并将公鹅放在采精台上，分别用左右手固定公鹅翅膀基部的胸段，使公鹅呈蹲伏式，让公鹅的后腹部悬于采精台的后面。

② 采精　采精员用右（左）手，掌心向下，大拇指和其余四指分开，稍弯曲，手掌面紧贴公鹅背部，从翅膀的基部向尾部方向有节奏地进行按摩，每 1～2 s 按摩 1 次，共按摩 4～5 次。每次按摩时右（左）手挤压公鹅的尾根部（易引起公鹅性兴奋的部位），与此同时，用左（右）有节奏按摩腹部后面的柔软部，当感觉阴茎在泄殖腔内稍有勃起时，便由拇指和食指开始按摩泄殖腔环的两侧，阴茎即会勃起伸出，射精沟闭锁完全，精液会沿着射精沟从阴茎顶

端快速射出。

③ 精液的收集　当精液射出，立刻用消毒过的集精杯稳、准、快地接取公鹅阴茎末端所排的精液，要求集精杯温度与采得的精液温度要相接近。鹅集精杯见图 3-1。

④ 采精的频率　依具体情况而定，一般可连续采 2 d，休息 1 d，或隔 1 d 采 1 次。

⑤ 采精时应注意的事宜　要求采精人员和保定人员要密切配合，采精的动作要轻、用力适度，防止粗暴行为；收集精液时，不要把集精杯靠泄殖腔太近，尽量避免精液的污染；采精时凡与精液接触的一切器具，必须经过清洗、灭菌、干燥后才可用。鹅输精器见图 3-2。

图 3-1　水禽集精杯（cm）

图 3-2　水禽输精器

1～2. 有刻度的玻璃管　3. 注射器

3. 公鹅精液品质的检查

（1）外观检查　主要检查精液的颜色是否正常。正常无污染的精液为不透明的乳白色的液体；混入血液时呈粉红色，被粪便污染时为黄褐色，有尿酸盐混入时呈粉白絮块状。凡被污染的精液会发生凝集和精子变形，品质下降，受精率低，不宜用于人工授精技术。

（2）精液量检查　每次按摩所获的精液放入有刻度的集精杯中测其一次射精量。鹅的射精量会随品种、年龄、季节、个体差异和采精操作熟练程度而有较大的变化。公鹅平均射精量为 0.4～1.3 mL。要选择射精量多、品质好的作为人工授精的公鹅。

（3）精子活力检查　精子的活力检查是以测定直线前进运动的精子数为依据。即采精后，取精液 1 滴，置于载片一端，放上盖片，在 37 ℃左右的温度条件下，在 200～400 倍的显微镜下检查，在一个视野中作直线前进运动的精子数占整个视野精子总数的百分比。精子呈直线运动，具有受精能力；只进行圆周运动或原地摆动的精子均无受精能力。活力高、密度大的精液，在显微镜下精子呈旋涡翻滚状态。较好的公鹅，精子活力可达70％以上。

（4）精子密度检查　指计算每毫升精液中所含精子的个数。可用血细胞计数法和精子密度估测两种方法检查。

① 血细胞计数板计数法　用血细胞计数板计算精子数较为准确。其方法是先用红细胞吸管吸取精液至0.5刻度处，再吸入3％氯化钠溶液至10刻度处，即原精液被稀释200倍，摇匀，排出吸管前3滴，然后将吸管尖端放在血细胞计数板与盖片的边缘，使吸管内的精液流入计数板内，在显微镜下计数精子。选计数板上的5个大方格。方格应选位于一条对角线上的5个方格或4个角各取一个方格，再加上中央一个方格。计算精子数时只数精子头部3/4或全部在方格中的精子（图3-3中用黑色精子表示）。

② 密度估算法　在显微镜下观察，可根据精子密度分为密、中等、稀三种情况。密是指在整个视野里布满精子，精子间几乎无空隙，每毫升精液有6亿～10亿个精子；中等是指在整个视野里精子间距明显，每毫升精液有4亿～6亿个精子；稀是指在整个视野里，精子间有很大空隙，每毫升精液有3亿个以下精子。鹅精子密度估算方法示意见图3-4。

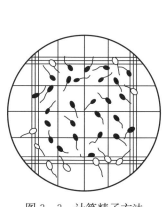

图3-3　计算精子方法

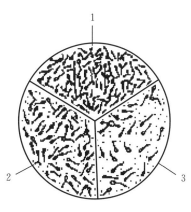

图3-4　精子密度
1.密　2.中等　3.稀

③ 精液的pH　用pH 6.4～8.0的精密试纸测定。各品种公鹅精液的pH基本为中性。过酸或过碱都表明精液品质异常或受到污染，精子易失活而死亡，严重影响受精率。

4. 精液的稀释和保存

（1）精液的稀释目的　一是增加精液的容量，提高公鹅一次射精量的可配母鹅数；二是延长精子的存活和保持受精的能力的时间。

（2）精液的稀释液　稀释液的主要作用是为精子提供能源，保障精子细胞的渗透压平衡；稀释液中的缓冲液可防止精子在自身代谢过程中所产生的乳酸对精子的有害作用；在精液的稀释保存液中添加抗生素可以防止细菌的繁殖等。实践证明，常用的精液稀释液中以 pH 7.1 的 Lake 和 BPSE 稀释液效果最好。鹅人工授精常用的几种稀释液配方见表 3-1。

表 3-1　鹅人工授精常用的几种稀释液配方（g/L）

稀释液	葡萄糖	果糖	谷氨酸钠	氧化镁	醋酸镁	氯化钠	醋酸钠	柠檬酸钠	磷酸二氢钾	磷酸氢二钾	BES	TES
pH 7.1 Lake 液	0.600		1.520		0.080			0.128			3.050	
BPSE 液		0.500	0.867	0.034			0.430	0.064	0.065	2.27		0.195
生理盐水						1.000						

注：其数值均为加蒸馏水配制成 1 000 mL 稀释液之用量。BES 即 N，N-二（2-羟乙基）-2 二氨基乙烷磺酸，TES 即 N-三（羟甲基）甲基-2-氨基乙烷磺酸。每毫升稀释液加青霉素 1 000 U，链霉素 1 000μg。如果条件限制不能配制专门的稀释液，也可用生理盐水、新鲜牛乳代替。

（3）精液稀释的倍数　根据精子活力和密度，来确定稀释倍数。一般以稀释 1～3 倍的效果较好。

（4）精液稀释的方法　要求稀释精液的稀释液现用现配，并与精液等温；稀释时将配好的稀释液沿着管壁缓慢注入精液中。

（5）精液的保存　稀释后的精液通常直接用于输精。如果需要保存一段时间（72 h 内）再输精，则一般采用低温（2～5 ℃）逐渐降温保存方法，但切不可认为保存的温度越低越好。如果是在 0 ℃情况下保存，会造成精子的冷休克，即使恢复精子适宜的生存温度，精子也不会再复苏，而丧失其活力。如果要长期保存，应先将采得的精液按 1∶3 稀释，置于 5 ℃下冷却 2 min，再加入 8％甘油或 4％二甲基亚砜，在 5 ℃平衡 10 min，然后用固体二氧化碳（干冰）或液氮进行颗粒或安瓿冷冻，冷冻后存放于液氮（-196 ℃）中。

5. 输精　鹅阴道开口较深不易外翻，所以鹅的输精比鸡困难。为此要选用合适的输精器，使用科学的输精方法、选好恰当的输精时间和输精剂量。

（1）输精器　目前尚无鹅专用的输精器，多为改装的代用品，一般用有刻度的吸管或 1 mL 卡介苗注射器。为了避免损伤鹅的生殖道，可分别在吸管的尖端套上 2 cm 的自行车气门芯或无毒塑料管作为输精管头。每只母鹅使用一只输精管头，切不可一只输精管头给多只母鹅输精，以免造成疫病传播。

（2）输精的方法 输精的方法有两种：手指引入法输精和直接插入法输精。

① 手指引入法输精 国际上通用的一种输精法。助手将母鹅保定在输精台上，剪掉泄殖腔周围的羽毛，然后用 75% 的酒精棉球和生理盐水分别擦洗泄殖腔的周围。之后输精者用消毒过的左手食指从泄殖腔口轻缓地插入母鹅的泄殖腔内，往泄殖腔的左侧探明输卵管阴道开口处，右手持盛有精液的输精器，沿手指的方向，插入输精阴道部，约 3 cm 深处，右手即可将精液缓缓注入。输精后在母鹅背部轻轻按摩 5 s，效果会更好。

② 直接插入法输精 左手的食指、中指、无名指和小指并拢，将母鹅的尾羽拨向一边，大拇指紧靠泄殖腔下缘，轻轻向下方压迫，使泄殖腔张开，右手持盛有精液的输精器插入泄殖腔后，向左下方推进，当感到推进无阻挡时，即输精器插入阴道部约 3 cm 处，放松左手大拇指，右手即将精液注入。

（3）输精时间 母鹅产蛋多集中在每天的上午 8:00～10:00，为此输精的时间在上午 11:00 之后进行，最好的输精时间选在每天下午 3:00 以后进行。

（4）输精量 原精液每次给母鹅输入的精液量为 50 μL，要求采完的精液 20 min 内输完。如果使用稀释后的精液，每次输精量为 100 μL。要求每次输精量中有 4 000～10 000 个有效精子。第一次输精量比平时加大 1 倍才可获得良好的效果。

（5）两次输精的间隔时间 鹅受精 6～7 d 后，受精率急速下降。为此，鹅每隔 5～6 d 输精一次。第一次输精 72 h 后才能取种蛋。另外，输精时所用的器械，每次用完后都要清洗、灭菌、干燥后备用。鹅人工授精常用器具参见表 3-2。

表 3-2 人工授精用具

名　称	规　格	用　途	名　称	规　格	用　途
集精杯	6～7 mL	收集精液	生理盐水		稀释用
刻度吸管	0.05～0.5 mL	输精用	蒸馏水		稀释及冲洗器械用
刻度管	5～10 mL	贮存精液	温度计	100 ℃	测水温用

（续）

名　称	规　格	用　途	名　称	规　格	用　途
保温瓶和杯	小、中型	保存精液用	干燥箱	小、中型	烘干用具
消毒盒	大号	消毒采精输精用具	冰箱	小型低温	短期贮存精液用
生物显微镜	400～1 250倍	检查精液品质	分析天平	精度0.001 g	配稀释液称药用
pH试纸	pH 6.4～8.0	检查精液品质	电炉	400 W	供温水、煮沸消毒用
注射器	20 mL	吸蒸馏水及稀释液	注射针头	12号	备用
烧杯、毛巾、脸盆、试管刷、消毒液等		消毒			

四、配种年龄和比例

（一）配种年龄

鹅的配种年龄过早，不仅对其本身的生长发育有不良影响，而且受精率低。配种年龄与品种、性成熟早晚有关。黑龙江当地白鹅、籽鹅、豁眼鹅为早熟的小型鹅品种，在180左右日龄达到性成熟时即可开始配种。莱茵鹅为中型鹅品种，210～240日龄达到性成熟时配种为宜。晚熟品种240～270日龄可进行配种。

（二）公母鹅配种比例

公母鹅配种比例直接影响受精率的高低。配种比例因鹅的品种、配种方法、季节、饲养管理条件不同而异。通常情况下，小型品种鹅自然配种的公、母比例为1∶（5～6），中型品种鹅为1∶（4～5），大型品种品种鹅为1∶（3～4）。采用人工授精技术公母鹅配比一般为1∶（20～30）。

五、种鹅的利用年限

鹅的寿命长，繁殖年龄比其他家禽长。母鹅第一个产蛋年的产蛋量较低；第二个产蛋年比第一个产蛋年增加15%～20%；第三个产蛋年比第二个产蛋年又增加15%～20%；从第四个产蛋年开始，产蛋性能下降，因此母鹅以利用3～4年为宜。公鹅最多利用3年就应更新。

第二节　种蛋的孵化

孵化是家禽繁殖的一种特殊方法。鹅的繁衍和其他家禽一样，胚胎发育经过两个阶段。第一是母鹅体内发育阶段（成蛋阶段），即从排卵、受精至蛋的产出。第二阶段是母体外发育阶段（成雏阶段），即蛋从母体产出后，胚胎在适当的条件下继续发育，经过一段时间后发育成雏鹅，这一过程就称为孵化。孵化是鹅生产中重要环节，它不仅影响孵化率的高低，而且直接影响雏鹅发育及种鹅的生产性能。

鹅的孵化可分为天然孵化和人工孵化。天然孵化是利用母鹅就巢性来孵化鹅蛋，这种方式不能满足现代养鹅生产需要，为此必须采用人工孵化法。人工孵化就是模仿母鹅孵化鹅蛋的方法，人为地掌握适宜的孵化条件为鹅胚胎发育创造良好的环境。人工孵化是现代养鹅业生产中的一个重要环节，人工孵化也步入产业化、机械化、自动化，确保了种蛋的孵化率与健雏率，提高了养鹅的经济效益。

鹅胚胎发育的好坏，孵化率的高低，除受孵化条件影响外，还取决于种蛋品质的优劣，即蛋内营养物质的充足与否和胚胎生活力的强弱。种鹅不健康、近亲繁殖、公鹅质量不佳且营养不良、种蛋管理不符合要求等，都会造成种蛋品质的低劣。因此，提高孵化率要从选择健康优质公母种鹅入手，并重视种鹅的饲养管理，繁育方法，以提高种蛋品质；加强种蛋的管理、选择和消毒工作，以保持种蛋的优良品质。为此，必须了解种蛋的构造与作用，根据鹅胚胎发育的特殊要求，创造适宜的孵化条件。

一、种蛋的管理

优良种鹅所产的蛋并不全部是合格种蛋。做好种蛋的选择、保存、消毒和运输，将为提高孵化率和健雏率奠定良好的基础。

（一）种蛋的选择

种蛋必须进行严格的选择。通常来说，种蛋的选择主要分为2次进行：第一次是种蛋在收集后进入蛋库时，第二次是在入孵前摆蛋时。

（1）种蛋应来源于管理完善、饲喂配合日粮、生产性能好、受精率高、体质健康的种鹅群。最好是种鹅第 2～3 年所产的蛋，因其遗传素质高，孵化出的雏鹅较一年或老龄种鹅产蛋所孵化出的雏鹅易于饲养，且在后期其生产性能也较高。

（2）要求产蛋率在 15％以上，并且公鹅和母鹅混群至少在 1 周以上时，才可以开始收集种蛋。

（3）应选择新鲜的种蛋用于孵化。在感官上，新鲜种蛋表面有一层霜状物，陈旧蛋则表现为发亮（通常可通过此法直接来判断种蛋产后时间的长短）。存放时间过长的陈旧蛋还表现为气室过大、散黄，甚至浑浊、变黑、有臭味等，如利用照蛋灯则很容易看出。另外，在晃动时还可感觉到蛋内部有震动感。建议尽量使用贮存期一致或相近的种蛋入孵，以便于出壳同步，有利于孵化管理。

（4）选择蛋形指数正常（1.4～1.5），蛋重符合品种特征，蛋壳结构细密均匀、厚薄适度，蛋壳颜色符合其品种特征、表面清洁和没有破损的鹅蛋留作种蛋。蛋重过大或过小，蛋形过长、过圆和不规则的畸形蛋，沙壳蛋、钢皮蛋、双黄或皱纹蛋，以及蛋壳表面重度污染的均不宜留做种蛋。

（二）种蛋的贮存

（1）种蛋要贮存在专用库房内，库房内保持清洁、整齐、无灰尘，不得有穿堂风和老鼠等。

（2）种蛋的贮存时间应尽可能短，以不超过 7 d 为宜。如果种蛋的贮存时间过长，会使胚胎蛋白黏稠度发生变化，进而使其携氧能力下降，孵化率也随之降低。当贮存时间在 15 d 以上时，孵化率下降明显，且孵化出的雏鹅质量也明显较差；当贮存时间超过 3 周以上时，孵化率会急剧下降。

（3）贮存温度过高或过低都不好。当温度高于 23 ℃时，胚胎开始发育，这会导致部分鹅胚早期死亡，孵化时死胎量增加；当温度低于 10 ℃时，种蛋受到冷应激，可能会失去继续发育的能力。若贮存期少于 3 d，最佳贮存温度是 18 ℃；贮存时间在 7 d 以内时，最佳贮存温度是 15～17 ℃；贮存期再延长时，以 11～13 ℃为宜。

（4）种蛋须贮存在相对湿度为 70％～80％的环境内。若相对湿度过低，则鹅蛋内的水分会通过蛋壳表面的小孔散失，导致胚胎脱水；过高，则又容易出现蛋壳表面霉菌滋生的现象。

（5）当贮存时间较长时，每天翻蛋 1 次或将蛋的大头朝下放置，可使气室和蛋黄得到相对固定，避免种蛋内容物与蛋壳粘连；当贮存时间超过 10 d 时，采用平放或小头向上的摆放方式可减少蛋内水分的散失。另外，贮存时在保证一定的温度和湿度的前提下，也要做好通风换气和环境卫生工作，以达到空气清新、清洁卫生的要求。

（三）种蛋的消毒

种蛋产出后，往往被粪便、垫草等污染，蛋壳表面的病原微生物会进入蛋的内部而影响胚胎正常的生长发育，因此，需要对种蛋进行消毒。一般来讲，种蛋需经 2 次消毒：在鹅舍内或进种蛋贮存室前，在消毒柜或消毒室中进行第一次消毒；在入孵前进行第二次消毒。

（1）种蛋在收集后要及时进行消毒，然后保存，否则部分病原微生物可通过气孔进入蛋内再进行蛋表面消毒已经无效。因消毒的蛋经贮存和运输后也有再被污染的可能，所以在正式孵化前在孵化器中还要再次进行消毒。

（2）常用的消毒方法有以下几种：①福尔马林熏蒸消毒，每立方米空间用高锰酸钾 15 g，福尔马林 30 mL，并提供适宜的温度（25 ℃）和湿度（75%），密闭熏蒸 20～30 min，此法主要用于种蛋入孵前的消毒。②新洁尔灭喷雾消毒，用 0.1% 的新洁尔灭喷洒种蛋表面，约 5 min 药液蒸发后，入孵或送入蛋库（使用新洁尔灭药液消毒时，切忌与碘、高锰酸钾、碱和肥皂等并用，以免使药液失效）。③百毒杀喷雾消毒，用 3 000 倍稀释浓度的百毒杀药液进行喷雾消毒。对污染较轻的种蛋，可先用 35～40 ℃ 消毒液清洗，然后尽快入孵。

（3）在一般情况下，种蛋不宜进行刷洗。但如果蛋壳表面污染严重，不能入孵时，则需要进行适当的清洗。当种蛋用清洗液刷洗或消毒液消毒时，其温度必须高于蛋温，消毒液温度如果低于蛋温，则蛋的内容物就会遇冷收缩，蛋内产生负压，使蛋壳表面的有害物质（包括蛋壳表面的病原微生物）通过蛋壳被吸入蛋内，其结果不仅未能起到消毒作用，反而会造成种蛋被污染。生产中，可将清洗与消毒结合在一起同时进行，如在清洗液中加入消毒液。在清洗过程中，剔除裂纹蛋等不合格种蛋。清洗后，待蛋壳表面干燥后，尽快入孵，停放时间最多不超过 2 d。

（4）消毒时，还需要注意以下几点：潮湿的种蛋不能用臭氧灯消毒，也不能直接用甲醛熏蒸，必须烘干后再消毒；消毒时间不能过长，以免对种蛋造成

毒害；在开始孵化后，胚蛋即开始进入快速的生长发育阶段，所以应尽量避免使用甲醛熏蒸消毒，因其在消毒的同时，还会使种蛋受到较强的毒害作用。

（四）种蛋的运输

引进的种蛋有时需要经过一段距离的运输，有时甚至是较长时间的长途运输。在此过程中，如果运输方法不当，往往会造成种蛋的破损，影响其质量。

（1）运输种蛋时，最好使用专用蛋箱。在使用纸箱或木箱时，箱内蛋与蛋之间应填充新鲜的锯末或刨花等垫料。蛋箱外还应注明"种蛋""请勿重压"和"易碎"等字样。装卸时轻拿轻放，运输时要求快速平稳，避免颠簸、震荡。为防止因颠簸而致气室破裂，在包装时应将种蛋的大头向上。

（2）若在冬季运输，途中还要做好防寒工作；夏季运输时，要避免日晒、雨淋和高温。

（3）因种蛋本身也需要进行新陈代谢，而在运输时经过包装则相当于是一个无氧的密闭环境，所以运输时间要尽可能短。

（4）到达目的地后，应及时开箱检查，剔出破损蛋，消毒、入孵。

二、胚胎的发育

（一）成蛋过程的胚胎发育

成熟的卵细胞从卵巢排出后，很快就被输卵管的喇叭部所接纳，并在此与精子相遇而受精。受精后，卵不断分裂，经囊胚期直到原肠期时，蛋就产出体外。当温度下降到 23.9 ℃以下，胚胎暂时停止发育。

（二）鹅胚在孵化过程的发育与特征

鹅胚给予最适宜的温度、湿度、通风、翻蛋和晾蛋等条件，经 31 d 的孵化发育成雏鹅。鹅蛋的胚胎逐渐发育。鹅蛋孵化前期胚胎发育主要特征为：入孵第 2 天，"血岛"胚盘边（彩图 7）；第 3～4 天出卵、羊、绒，心脏开始动（彩图 8）；第 4.5～5 天尿囊现，胚血"蚊子"出现（彩图 9）；第 5.5～6 天头尾出，像只小蜘蛛（彩图 10）；第 7 天公母辨，明显黑眼珠（彩图 11）；第 8 天口形成，头躯像双珠（彩图 12）；第 9 天翼喙显，胚沉羊水中（彩图 13）；第 10 天显肋、肝、肺，羊水胚浮游（彩图 14、彩图 15）；第 11～12 天，软骨

硬，尿囊已发边（彩图 16）；第 15 天躯干覆绒羽，尿囊已合拢（彩图 17）；第
16～17 天腺胃可区分，血管粗加深（彩图 18、彩图 19）；第 18 天肾肠作用
起，蛋白入羊腔（彩图 20）；第 19～21 天胚胎位置变，脚趾生鳞片（彩图 21
至彩图 23）；第 22～23 天蛋白已输完，小头门已封（彩图 24）；第 24～26 天
气室开始斜，眼睛开始睁（彩图 25）；第 27～28 天头埋右翼下，气室黑影在
闪动（彩图 26）；第 29～30 天喙入气室里，雏叫肺呼吸（彩图 27）；第 31 天
出壳齐，雏壮人心喜（彩图 28）。

三、鹅蛋的孵化

鹅蛋孵化是养鹅生产中的重要环节。孵化质量的优劣，不仅影响孵化率，
而且直接影响雏鹅的质量。鹅蛋的孵化可分为自然孵化法与人工孵化法。人工
孵化法又分为电机孵化法、电机摊床孵化法、民间传统的孵化法（桶孵法、缸
孵法、炕孵法、热水袋孵化法）等。

（一）自然孵化法

自然孵化法是利用母鹅的就巢性来孵化鹅蛋繁殖后代的方法。生产中，通
常选择产蛋 1 年以上、就巢性强、有孵化经验的母鹅。一般来说，该法具有设
备简单、费用低廉、管理方便、孵化效果好等优点，但同时也存在着孵化数量
少、影响种鹅产蛋等缺点。

1. 孵化前的准备　选择好合格的种蛋，并逐只编号，注明日期与批次，
便于以后管理。孵蛋的巢可以用稻草编扎而成，也可用柳条或篮子代替。孵巢
直径约 45 cm，高度适中，便于孵化管理。孵巢的底部铺干燥、清洁、柔软的
垫草，底部为锅形。每巢孵蛋 11～12 个，可在夜里将就巢母鹅放入巢内，在
黑暗的环境条件下，母鹅能安心就巢。

2. 孵化期的管理

（1）人工辅助翻蛋　一般入孵 24 h 后应每天定时辅助翻蛋 2～3 次，及时
做好记录。翻蛋时，应先将母鹅从孵巢内移开，然后将边蛋与心蛋对换，上面
的蛋与底蛋对换，翻好蛋后再将母鹅移入孵巢内。

（2）照蛋　一般在孵化过程中进行 2～3 次照蛋。头照是在入孵后第 7～8
天进行，取出无精蛋和死胚蛋；二照是在入孵后第 15 天进行；三照是在入孵
后第 27～28 天进行。

（二）人工孵化法

人工孵化法就是模仿母鹅孵蛋的方法，人为地控制孵化条件，为鹅胚胎发育创造适宜的环境（彩图 29、彩图 30）。目前，电机孵化法使用的孵化器设有自动控制系统，具有易于操作和管理、孵化数量大、孵化效果好等优点，所以电机孵化法适合大规模的孵化生产，同时这也是现代鹅业集约化生产的需要。

1. 准备　孵化前的准备工作主要包括制订孵化计划，孵化器的调试及用品准备，种蛋选择、码盘、消毒与预温等内容。鹅胚胎发育的好坏，孵化率的高低，除受孵化条件的影响外，还受到种蛋品质、种蛋的采集、选择、贮存、运输和消毒等诸多因素的影响。因此，孵化前的准备工作也是很重要的。

（1）制订孵化计划　根据孵化能力及条件、种蛋数量和雏鹅销售等情况制定孵化计划。在制定孵化计划时，应注意把各批次入孵、照蛋、移盘、出雏等费时费力的工作错开，确保孵化工作的顺利进行，以提高工作效率。

（2）孵化器调试与用品准备　在入孵前，应对孵化器进行全面检修、运转调试工作。校对温度计，检查电动机、温度、湿度、风扇、风门、翻蛋系统和报警系统的运转情况；备好孵化用品，主要包括照蛋器、温度计、消毒用品、易损电器元件和孵化记录表等。此外，还要检修发电机，购置柴油、机油等，以备突然停电时自行发电。

2. 预温

（1）入孵前，应使孵化室内的温度达到 24～28 ℃，同时使湿度达到 55％～65％。

（2）入孵前的种蛋必须进行预温，在孵化室内存放 18 h。其原因有以下几点：种蛋在保存期间，胚胎呈静止状态，通过预热能使胚胎从静止状态逐渐"苏醒"过来，避免因温度的剧烈变化对胚胎造成应激；可避免孵化器内的温度大幅度下降，影响其他批次的胚胎发育（恒温孵化时）；可避免种蛋表面凝结水珠，有利于对种蛋进行熏蒸消毒；节约了电能。

3. 码盘　将种蛋水平地摆放在蛋盘上，切勿直立，这样可在一定程度上有利于胚胎的正常发育。同时，还要求种蛋大小头的朝向应一致，这样可方便照蛋时的操作，减少了工作量。入孵时间以在下午 4:00～6:00 为好，这样可使出雏时间集中在第 30 天的白天，有利于生产操作。

4. 孵化　经选留、消毒处理的合格种蛋，给予适宜的温度、湿度、通风、翻蛋和凉蛋等孵化条件，鹅蛋的胚胎逐渐发育，经过一段时间后发育成雏鹅，这一过程称为孵化，从种蛋入孵到雏鹅出壳所需要的时间称为孵化期。鹅蛋的孵化期约为 30.5 d。

（1）温度　温度是胚胎发育的最主要因素，只有提供胚胎发育所需要的适宜温度，才能保证获得较高的孵化率和优质的雏鹅。在孵化生产中，温度的调控最主要的依据是胚胎的发育情况，即所谓的"看胎施温"，按照鹅胚胎发育的自然规律，给予最适合其生长发育的温度。在生产中，又可分为恒温孵化和变温孵化两种方法。

① 恒温孵化　在种蛋数量较少或来源不足的情况下，需分 3～4 批次装入同一台孵化器孵化时，可将孵化器内的温度设定为 37.8 ℃，装机时将新、老蛋交错放置，此即为恒温孵化法。使用此法可利用先入孵胚胎的代谢热，从而节约电能。

② 变温孵化　在种蛋来源充足的情况下，可采用变温孵化法，即同一台孵化器内的种蛋入孵时间一致，并根据不同胚龄胚胎发育的特点，适当地调整孵化温度。孵化第 1～7 天为 38.3 ℃，第 8～14 天为 37.8 ℃，第 15～27 天 37.5 ℃，第 28～31 天为 36.8 ℃。除上述内容外，还可依据季节、品种和蛋重以及出雏等具体情况调控孵化温度。总之，温度的调控是受多种因素影响的，在生产中应灵活掌握和运用。在孵化生产中，为保证孵化温度的准确性，应每 15 d 对孵化器的设定温度和显示温度检测、校正一次，并做好记录。

（2）湿度　适当的湿度，不但可以使胚胎受热良好，而且还有益于胚胎在孵化中、后期散热。同时，也有利于破壳出雏（因为蛋壳中的碳酸钙与水和空气中的二氧化碳作用，形成碳酸氢钙，使蛋壳变得松脆，为雏鹅出壳减少阻力）。若湿度不足，则会加速蛋内水分蒸发，造成胚胎失水过多而脱水，影响了胚胎的物质代谢，也导致了尿囊绒毛膜干燥，从而阻碍了代谢废物的排出及所需氧气的摄入；若湿度过高，会阻碍蛋内代谢过程中产生的水分的蒸发，最终导致胚胎溺水死亡。在孵化的不同阶段对湿度的要求也不相同，总的原则是"两头高，中间低"。鹅种蛋孵化的第 1～9 天胚胎要形成羊水、尿囊液，相对湿度可设定为 60%～65%；第 10～26 天为 50%～55%，第 27～31 天为使雏鹅出壳正常，防止绒毛与壳膜粘连，适宜的相对湿度为 70%～75%。若采用分批孵化，孵化器内有不同胚龄的胚蛋，相对湿度应为 55%～65%。在整个孵化期，湿度调节是依靠机内的加湿系统来调控的。在中后期，除机器内部的加湿系统外，凉蛋时喷水也对孵化湿度有一定的影响。

（3）通风换气　这里的通风换气包含两方面的内容：一是孵化器的通风换气，二是孵化室的通风换气。胚胎在发育过程中，需要不断地进行气体交换，吸收氧气，排出二氧化碳。孵化过程中通风换气，可以不断提供胚胎需要的氧气，及时排出二氧化碳，同时还可以起到均匀机内温度、驱散余热和减少空气污染等作用。因早期的胚胎主要通过卵黄囊血管利用卵黄中的氧气，所以若为整批孵化，在孵化前期可以不开或少开通气孔；胚胎发育到中期，气体代谢是依靠尿囊，通过气孔直接利用空气中的氧气，这时应逐渐加大通风量，以满足胚胎发育所需的氧气；在孵化后期，胚胎开始利用肺呼吸，耗氧量和二氧化碳排出量迅速增加，此时应加强通风换气，否则畸形、死胚会急剧增加，必要时可采取输氧等措施，为胚胎发育提供充足的氧气。同时，也要采取适当的措施，如定期打开换气扇，以保持孵化室内空气的新鲜度。通风换气和温度、湿度，三者密切相关，当通风量大时，机内温度降低，湿度变小，胚胎内水分蒸发加快，增加能源消耗；通风量小，机内温度高，湿度大，空气流通不畅。因此，通风与温、湿度的调节要彼此兼顾。此外，还要注意防止微生物的传播，要保证孵化室、收蛋室及贮蛋室等洁净区应维持正压，即室内进气量大于排风量10%；出雏室、洗涤室等非洁净区应维持负压。

（4）翻蛋　翻蛋可使胚蛋受热均匀，防止胚胎与壳膜的粘连，以及刺激血管区的生长发育，促进卵黄的利用和胚胎运动，保持胎位正常。同时，定时转动蛋的位置，促进胚膜生长，增加了卵黄囊、尿囊血管与蛋黄、蛋白的接触面，有利于营养物质的吸收和水的平衡。为此，在鹅蛋孵化过程中，要在入孵开始至28 d落盘前这段时期内，每隔2～3 h翻蛋1次，翻蛋角度以100°为宜。在第28天落盘后，停止翻蛋。

（5）照蛋　通过照蛋可以全面了解鹅胚胎发育情况，了解孵化条件是否适宜以及种鹅饲养管理过程中存在的问题，分析查找原因并进行解决。照蛋时检出非正常蛋，可防止因其腐败而污染活胚蛋和孵化机，保持机内清洁卫生。此外，还可实现对孵化机进行充分的利用，保证孵化数量。通常情况下，一批种蛋在一个孵化期内需要照蛋3次，即在鹅胚胎发育的第7～8天进行第一次照蛋（头照）、在第15～16天进行第二次照蛋（二照）、在第28天进行第三次照蛋（三照）。在头照过程中，检出无精蛋、死胚蛋和破壳蛋；二照时，只需抽样检查尿囊在小头的合拢情况，以此为孵化效果分析及孵化条件的进一步完善提供依据；三照时，要求每枚种蛋都要照到，主要任务是观察胚胎发育情况及检出死胚。此外，在孵化过程还可不定期地抽检胚蛋，以便掌握胚胎发育情况，并据此及时采取相应措施。在照蛋时，可进行调盘，即上下蛋盘对调，蛋盘四周与中央的蛋对调，以弥补孵化机内各处温差的影响。照蛋时要求稳、准、快，防止因照蛋时间过长，对胚胎造成低温应激以及避免造成种蛋破损等现象的发生。

（6）凉蛋　孵化至中、后期，脂肪代谢能力增强，产生的生理代谢热较多，因此必须采取凉蛋和喷水等措施才有利于胚胎及时散热，否则将出现死胚的现象。凉蛋同时还可以为胚胎提供充足的新鲜空气。通常鹅蛋孵化到第 18天就开始凉蛋，直至落盘。一般每天凉蛋 2～3 次，每次 30～40 min。如果是整批入孵的蛋，采用机内凉蛋，关闭供温电路停止供温，打开机门，让风机继续运行，达到凉蛋目的后继续正常孵化；如果是分批入孵、不同日龄的种蛋，采用机外凉蛋，将胚龄大的蛋取出孵化器，在室温下凉蛋。温度可用眼皮测试，蛋放在眼皮上感觉不发烫又不发凉即可放入机内。夏季凉蛋时蛋温下降较慢，可将 25～30 ℃的清水喷在蛋上，表面有露珠即可，可以防止蛋温过高，保持孵化温度的稳定，而且可将蛋面上的胶质膜洗去；同时，还能促进蛋壳及蛋壳膜的收缩和扩张，加大蛋壳和壳膜的通透性，促进水分和气体交换，从而增强胚胎的活力。随着鹅蛋胚龄的增长，可以适当增加喷水凉蛋的次数和时间。当然，凉蛋的次数和每次凉蛋的时间应根据季节、室温和胚胎发育程度而定，如胚胎发育较慢时，可推迟 1～2 d 凉蛋，或者减少凉蛋次数和每次凉蛋时间；发育过快，则可提前凉蛋或增加凉蛋次数和时间。

（7）移盘（落盘）　三照后（孵化至第 28 天），应进行"移盘"，即把发育正常的种蛋转入到出雏机内继续孵化。要求移盘时间适宜，不可过早或过晚，并在胚蛋进入出雏器前使出雏器内的温度、湿度分别提高到 36.8 ℃和 70%～75%，减免对胚蛋的应激。如果大部分蛋的边界平齐，气室下部发红，则为发育迟缓，应推迟移蛋时间，以保证胚胎良好的发育。移盘时，应适当提高室温，避免低温对胚蛋的应激，并且要求操作要轻、快、稳，以免碰破胚蛋。

（8）出雏与助产　正常情况下，满 30 d 即可出雏。此时，要注意以下几点：做好通风换气工作，防止缺氧；可适当提高湿度，以利于雏鹅啄壳和防止脱水；关闭机器内的照明灯，避免雏鹅骚动和因此而踩破未出壳的胚蛋；雏鹅出壳毛干后，应尽量减少在出雏器内的停留时间，及时捡出。当出雏达30％～40％时第一次捡雏，达60％～70％时第二次捡雏。一般情况下，每4 h左右捡雏1次。捡雏时要轻、快，避免碰破胚蛋。在捡出干毛雏鹅的同时，也要捡出蛋壳，以防蛋壳套在其他胚蛋上，闷死雏鹅。在出雏末期，对已啄壳但无力出壳的弱雏可进行人工破壳助产。通常情况下，发育正常、胎位较正的鹅胚出壳较为集中，且有明显的出雏高峰期（第30天的上午）。对雏鹅的助产最适宜的时间是在出雏高峰期后的1～2 h，于尿囊血管枯萎时施行。助产过早，会影响正常出雏以及因大量出血造成死胎、弱雏，或因破壳过早水分蒸发太多形成幼雏黏壳难产；助产过迟，会使胎位不正的鹅胚闷死在壳中。助产时将鹅胚头上半部蛋壳剥掉，把屈于腹部或翅膀下的头部轻拉出来即可，同时注意清除胚体鼻孔周围的黏液和污物，以免堵塞呼吸。一些被黏结的鹅胚，可用温水润湿，然后用剪刀、镊子轻轻剪开或挑开黏膜干痂，使其慢慢展开肢体，自行断脐脱壳。剥壳时还应小心，不要弄破胎膜表面未收缩完全的大血管，避免因失血过多而死亡。由于种蛋被剥开、水分蒸发较多，可将孵化器内的相对湿度加至90％以上（暂时性和晚期性的影响不大）。

（9）出壳雏鹅的存放　出雏后，清点雏鹅数量，并用专用箱按一定数量装箱，然后放在存雏室内，做好保温工作。同时，依据疫情和免疫程序酌情注射疫苗或高免血清。应及时出售或入舍饲养，存放时间不可过长，以防脱水。

（10）清扫、消毒　每次孵化结束后，应对孵化室、孵化器、出雏器、出雏盘、水盘等房舍和设备进行彻底的清扫和消毒，以备下次使用。此外还要及时收集各种废弃物并进行无害化处理。

（11）其他

① 停电　若是停电时间较短，则可以采取一些简单的应对措施。在孵化前期，主要以保温为主，尽量少开机门，并加以适当的通风；若是在中后期，则以通风、散热为主，避免造成机内局部或整体高温，采取中间部位与边缘部位的蛋盘相互倒换或定时打开机门等方法。同时，还可通过手工操作维持正常的翻蛋频率。若停电时间较长，则应利用发电设备自行发电。

② 孵化器故障　当孵化器出现故障时，应立即进行检修，排除故障。若维修时间较长时，则应先将种蛋转移到备用机器中继续进行孵化，然后再排除故障。

③ 减免应激　在孵化过程中，应尽量减免一切可能产生的应激因素，如

噪声、短期停电等，这些因素都可对胚蛋发育产生一定的不利影响。

第三节　选　种

在养鹅生产中，选种就是选优去劣，选出既符合育种方向，又在主要性状上都很优秀，并且还能够将优良的性状稳定遗传后代的公母鹅个体。目前在鹅的育种方面还不能实现对性状的基因型的准确选择，为此只能通过能够反映遗传信息的个体材料进行选种，如依据鹅个体的外貌与生理特征，或根据本身和亲属记录等资料进行选择。

一、根据体型外貌和生理特征选择

体型外貌和生理特征可以反映出种鹅的生长发育和健康状况，并可作为判断其生产性能优劣的参考依据。这是鹅群繁育工作中通常采用的简单易行、快速的选种方法，这种选择方法适合于生产商品鹅的种鹅，这种生产场的种鹅一般不进行个体的生产性能记录。外貌选择首先要求选择的种鹅符合品种特征，其次要考虑种鹅的生理特征。从遗传方面来说，选择不产生新的基因，仅使不合要求的基因频率减少。种鹅的外貌选择最好从鹅出壳后就开始，因很多遗传性状如长肉和羽毛生长速度等在幼龄时就表现出来了，到成年已无法检测。

（一）雏鹅的选择

一般要从2～3年的成年母鹅所产种蛋孵化出的雏鹅中挑选。在出壳12 h以内通过称重，把体重在平均数以上的，体质健壮绒毛光泽好，腹部柔软无硬脐，血统清楚，符合品种特征的鹅雏作为留种鹅雏。

（二）青年鹅的选择

宜在70～80日龄时进行，把生长发育良好（体重超过同群的平均体重），全身羽毛生长已丰满、体质健壮的留作后备种鹅。

（三）后备鹅的选择

一般在130日龄至开产前进行。

1. 母鹅的选择　要求头部清秀，颈细长，眼大而明亮，身体长而圆，胸饱满，后躯深而宽，臀部宽广而丰满，肛门大而圆润，腿结实、脚高，两脚间距离宽，蹼大而厚，羽毛紧密，两翼贴身，皮肤有弹性，两耻骨间距宽，耻骨与胸骨末端的间距宽阔。胫、蹼、喙色泽明显。行动灵活而敏捷，觅食力强，肥度适中。

2. 公鹅的选择　要求体型大，体质强健，各部器官发育匀称，肥度适度，头大宽圆，有雄相，眼睛灵活有神，喙长而钝，紧合有力；颈粗长。胸深而宽，背宽而长，腹部平整，体型呈长方形，尾稍上翘，胫较长且粗壮有力，两脚间距宽，蹼厚大，站立轩昂、挺直，鸣叫洪亮。

当公鹅进入性成熟期，留作种用的公鹅必须认真而细致地进一步检查性器官的发育情况，选留阴茎发育良好，螺旋交配器长且粗，伸缩自如，性欲旺盛，精液品质优良的公鹅作种用。严格淘汰阴茎发育不良、阳痿的公鹅。

二、根据本身和亲属记录资料选择

体型外貌与生产性能有密切关系，但毕竟不是生产性能的直接指标。为更准确地评定种鹅的生产水平，育种场必须做好鹅主要经济性状的观测和记录工作，并根据这些资料及遗传力进行更为有效的选种。若条件许可，最好进行综合评定。对种鹅的选择可根据记录资料从如下 4 个方面进行。

（一）根据本身成绩进行选择

本身成绩是种鹅生产性能在一定饲养管理环境条件下，表现出该个体所达到的生产水平。因此，种鹅本身表型值的成绩优劣，可作为选留与淘汰的重要依据。

个体选择时，有的性状应向上选择，即数值大代表成绩好，如产蛋量、增重速度；有的性状应向下选择，即数值小代表成绩好，如开产日龄等。但是，个体本身成绩的选择，只适用于遗传力高的能够在活体上直接度量的性状，如体重、蛋重等。个体选择的方法通常有三种：

（1）一次记录选择法　当被选个体同一性状只有一次记录，应先校正到相似标准情况下，然后按表型值顺序选优淘劣。

（2）多次记录的选择方法　当所有被选个体同一性状有多次成绩记录时，先把多次记录进行平均，然后按平均数进行排序选种。

（3）部分记录的选择方法　选择时可以使用早期、短期的成绩来代替全期成绩进行选种，这种方法可以加快世代进展。

（二）根据系谱资料进行选择

这种选择适合于尚无生产性能记录的幼鹅、育成鹅或选择公鹅时采用。幼鹅或育成鹅尚不能肯定它们成年后生产性能的高低，公鹅本身不产蛋，只有查它们的系谱，通过比较其祖先生产性能的记录，用以推断它们可能继承祖先生产性能的能力。从遗传学原理可知，血缘关系愈近的，对后代的影响愈大。为此，在运用系谱资料选种鹅时，祖先中最主要是父母，一般着重比较亲代和祖代即可。此外，应以生产性能、体质外貌为主做全面比较，同时也应注意有无近交和杂交情况，有无遗传缺陷等。在使用这种方法时，应尽量结合其他一些方法同时进行，以使选种的准确率得以提高。

（三）根据同胞成绩选择

同胞可分为全同胞（同父同母）和半同胞（同父异母或同母异父）两种亲缘关系。在选择种鹅，尤其是早期选择公鹅时，要鉴定种公鹅的产蛋性能，只能根据该种公鹅的全同胞或半同胞姐妹的平均产蛋成绩来间接估计。

对于一些遗传力低的性状（如产蛋量、生活力等），用同胞资料进行选种的可靠性更大。此外，对于屠宰率、屠体品质等不能活体度量的性状，用同胞选择就更有意义。但同胞测验只能区别家系间的优劣，而同一家系内的个体就难以鉴别好坏。

（四）根据后裔成绩选择

后裔就是指子女。按后裔成绩的选择主要应用于公鹅。采用这种方法选择出来的种鹅不仅可判断其本身是否为优良的个体，而且通过其后代的成绩可以判断它的优良品质是否能够真实稳定地遗传给下一代。依据后裔成绩选择种鹅历时较长，一般种鹅至少要饲养2年以上才能淘汰，但可据此建立优秀家系，并使种公鹅得到充分利用。但由于后裔测定所需时间长，因而改进速度较慢。

后裔测定主要通过母女成绩对比对公鹅作出评价，或是对两个和两个以上的公鹅在同一时期分别与其他母鹅交配，后代在相同的饲养管理条件下饲养，根据其后代的性状来判断公鹅的优劣。

（五）家系选择与合并选择

（1）家系选择　即以整个家系（半同胞、全同胞、半同胞与全同胞混合同胞）为单位，根据家系平均值的高低进行留种和淘汰。这种方法适用于遗传力低、家系大、共同环境造成的家系间差异小的情况。

（2）合并选择　对家系均值及家系内偏差两部分经以不同程度最适当的加权，以便最好地利用两种来源的信息，称之为合并选择。理论上讲，合并选择是获得最大选择反应的最好方法。

（六）根据综合指数进行选择

以上介绍的选择方法，都是对单个性状的选择，但在实际选种的工作当中，经常要同时对多个性状进行综合选择，如繁殖、生长速度、饲料利用率、品质等性状的综合选择。对于多个性状的选择，常采用综合选择指数法，即根据各自的相对经济重要性和遗传力以及性状间的遗传相关和表型相关，按遗传学原理构成一个统一的选择指数，而后根据多个个体的指数进行排序。当同时选择几个不相关性状时，常用简化选择指数来进行选择。

$$I = \sum_{i=1}^{n} W_i h_i^2 \frac{P_i}{\overline{P_i}}$$

式中：I——简化选择指数；

$\quad$ W_i——各性状的经济加权值；

$\quad$ P_i——各性状的个体表型值；

$\quad$ $\overline{P_i}$——各性状的群体均数；

$\quad$ h_i^2——各性状的遗传力。

第四节　选　　配

选种是为了选出符合育种方向的个体，选配是让个体的品质更好地在后代身上合理表现。其主要作用，一是稳定遗传，二是创造必要的变异，为此选配是鹅育种工作中最为重要的一个环节。选配一般分为个体选配和种群选配。

一、个体选配

个体选配是考虑交配双方个体品质对比和亲缘关系远近的一种选配方式。

主要包括同质选配、异质选配和近交选配等。

（一）同质选配

具有相同生产性能特点和性状的或育种值相近的优秀双方个体的选配。同质选配的作用，主要使亲本的优良性状稳定地遗传给后代，使亲代的优良性状在后代得到进一步的保持和巩固。这种选配，只有在基因型是纯合子的情况下，才能产生相似的后代，如果交配的双方基因型都是杂合子，后代可能会分化。如果能准确判断具有相同基因型的交配，则可收到良好预期效果。

同质选配不良结果是由于群体内的变异性相对减少，有时适应性和生活力可能有所下降。为了防止这种现象的出现，要加强选择，严格淘汰体弱或有遗传缺陷的个体。

（二）异质选配

具有不同生产性能特点和性状双方个体的选配。异质选配可分两种情况：一种是选择有不同优异性状的公母鹅交配，以期使两个优秀性状结合在一起，从而获得兼有双亲不同优点的后代；另一种是选同一性状，但优劣程度不同的公母鹅交配，在后代中以一方的优秀性状取代另一方不理想的性状。

在养鹅生产中应用同质选配和异质选配，二者既相互区别，又互相联系，不能截然分开。有时以同质选配为主，有时则以异质选配为主。运用同质选配时，所选择的主要性状相似，次要性状可能是异质的；运用异质选配时，要求所选择的主要性状是异质的，次要性状可以是同质的。在养鹅繁育实践中这两种方法要经常密切配合，交替使用，只有这样才能不断地提高和巩固整个鹅群品质。

（三）近交

根据公母鹅的亲缘关系进行的选配称为亲缘选配。公母鹅的亲缘关系有近有远，有直系和旁系。与配公母亲缘系数 $R<1.56\%$ 为远亲，$R>6.25\%$ 为近交。

二、种群选配

"种群"指一个类群、品系、品种或种属等种用群体的简称。种群选配是

根据与配双方隶属于相同或不同的种群进行的选配。种群选配分为纯种繁育与杂交繁育两大类，杂交繁育又进一步分为经济性杂交和育种性杂交。

（一）纯种繁育

简称"纯繁"，指在本种群范围内，通过选种选配、品系繁育、改善培育条件等措施，培育出许多独特的优良品系，然后进行品系间的交配。这种繁育方法巩固了品种内遗传性，即保持本种群内的纯度和优良特性，达到提高和发展整个种群质量的目的，使优良品质得以长期保持，并迅速增加同类型优良个体的数量，使种群水平稳步上升。

纯种繁育易出现近亲繁殖缺点，为此在繁殖过程中，可采取一些预防措施。如严格淘汰不符合理想要求的、生产力低、体质衰弱、繁殖力差和表现退化现象的个体；加强种鹅群的饲养管理，满足各类鹅群及繁殖后代的营养和环境要求；为了避免近亲繁殖，每隔几年必须进行血缘更新等。

（二）杂交繁育

简称"杂交"，是选择不同种群的个体进行配种。不同种群间的交配叫"杂交"，不同品系间的交配叫做"系间杂交"，不同种或不同属间的交配称"远缘杂交"。杂交所产生的后代叫做杂种。与纯种繁育鹅群相比，杂种往往表现出生活力强，抗逆性、抗病力和繁殖力提高，饲料转化能力加强和生长速度加快，这种现象称杂种优势。根据杂交目的不同，杂交类型通常有以下几种：

1. 级进杂交　也称改良杂交、改造杂交、吸收杂交，是指用高产的优良品种公鹅与低产品种母鹅杂交，所得的杂种后代母鹅再与高产的优良品种公鹅杂交，一般连续进行3～4代，就能迅速而有效地改造低产鹅的品种。当需要彻底改变某个品种或品系的生产性能或者是改变生产性能方向时，常用级进杂交。但采用级进杂交时应注意：如果想提高某个低产品种的生产性能或是改变生产性能方向时，一定选择合适的改良品种；对所引进的改良公鹅必须进行严格的遗传测定；杂交代数不宜过多，以免外来血统比例过大，导致杂种对当地适应性下降。

2. 导入杂交　导入杂交就是在原有品种的局部范围内，引入不高于1/4的外血，以便在保持原有品种特性的基础上克服个别缺点。当原有品种生产性能基本上符合需要，局部缺点在纯繁下又不易克服，此时宜采用导入杂交。在进行导入杂交时应注意：第一要针对原有品种的具体缺点，进行导入杂交试验，确定导入种公鹅品种；第二对导入杂交种公鹅严格选择。

3. 育成杂交　指两个或更多的种群相互杂交，在杂种后代中选优固定，育成一个符合需要的品种。当原有品种不能满足需要，也没有任何外来品种能完全代替时，常采用育成杂交。进行育成杂交时应注意：要求外来品种生产性能好、适应性强；杂交亲本不宜太多，以防遗传基础过于混杂，导致固定困难；当杂交后出现理想类型时应及时固定。

4. 简单的经济杂交　不同种群杂交所获的杂种优势程度，是衡量杂种优势的一种指标，即配合力。配合力又称"结合力"，是两个亲本的结合能力，杂交后代各有益经济性状表现好的为高配合力，表现差为低配合力。配合力可分为一般配合力和特殊配合力。为此在进行较大规模杂交之前，必须进行配合力测定。杂种优势产生的遗传基础是基因间的显性、上位、超显性等效应综合的结果，这些效应的大小取决于两个亲本个体纯合程度和亲本间遗传差异大小。亲本品种各自的纯合度越高及两个品种间的遗传差异越大，杂种优势越明显。

5. 三元杂交　指两个种群的杂种一代和第三个种群杂交（图3-5），利用含有三种群血统的多方面的杂种优势进行商品鹅生产。在使用此方法时应注意：在三元杂交中，第一次杂交应注意繁殖性状；第二次杂交强调生长等经济性状。

6. 生产性双杂交　将4个种群分为两组，先各自杂交，在产生杂种后再进行第二次杂交（图3-6）。

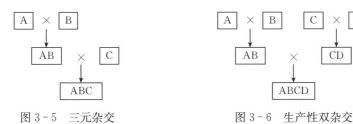

图3-5　三元杂交　　　　　图3-6　生产性双杂交

第四章
籽鹅的营养与饲料

饲料是发展鹅业的物质基础。人们从事养鹅生产的目的，是为了获得数量多、质量好的鹅产品。为此，一方面要提高鹅繁殖率，增加饲养量；另一方面要改良现有品种，提供其生产性能。这两个方面都必须有适宜的外界条件来保证。对于鹅养殖而言，饲料是极其重要的外部条件，饲料工业是现代化养鹅业的坚强支柱。运用现代营养科学的理论和技术配制鹅的全价配合饲料，是现代化养鹅业发展的前提条件和物质基础。而配合饲料的研制，又要以饲料的营养价值评定和鹅的营养需要的理论为基础。因此，养鹅生产需要了解鹅的营养需要和饲料特性，熟练地掌握和运用鹅的饲养标准和饲料营养价值表，并结合具体的生产条件和经济条件加以科学运用。

第一节　营养需要

养鹅生产的目的就是通过饲料给鹅提供平衡而充足的营养物质，使之转换为可供人类食用的鹅产品。按照饲料的常规分析方法，可将饲料中的营养物质分为水分、蛋白质、碳水化合物、脂肪、矿物质和维生素等几大类。这些营养物质对于维持鹅的生命活动、生长发育、产蛋和产肉具有不同的重要作用。只有当这些营养物质在数量、质量及比例能满足鹅的需求时，才能保持鹅体的健康，发挥最大的生产性能。

一、水分

水是鹅体的重要组成部分，也是鹅生理活动不可缺少的重要物质，鹅缺水比缺食危害大。鹅体内含水量 48%～75%，鹅蛋含水 70% 左右。鹅体内养分的吸收、运输废物的排出、体温的调节等都要借助于水才能完成。此外，水还有维持鹅体的正常形态、润滑组织器官等重要功能。鹅如果饮水不足，会导致食欲下降、饲料的消化率和吸收率降低，肉鹅生长缓慢，蛋鹅产蛋量减少，严重时可引起疫病甚至死亡。各种饲料虽然都含有不同程度的水分，但仍不能满足鹅体的需求。所以，在日常饲料管理中必须把水分作为重要的营养物质对待，经常供给清洁而充足的饮水。鹅的饮水量因年龄、饲料种类、饲养方式、采食量、产蛋率、季节的变化以及健康状况而异。一般鹅的饮水量为饲料采食量的 2 倍左右，夏季可达 4 倍。饮水必须清洁卫生，严禁使用被农药或病原污染的水源。

二、蛋白质

鹅的羽毛、肌肉和内脏以及鹅蛋中都含有丰富的蛋白质。鹅肉中含蛋白质 18% 左右。鹅蛋若除去蛋壳和水分则一半以上都是蛋白质。因此，生长期的蛋鹅和小鹅都需要从饲料中获取大量的蛋白质。另外，鹅体内的各种消化、代谢酶、激素和抵御疾病的抗体等也是由蛋白质和其他代谢物构成的。因此，蛋白质缺乏时不但生长速度和产蛋量下降，而且体内的消化代谢活动、繁殖和抗病能力也都要受到影响。同能量一样，饲料中的蛋白质要经过消化代谢后才能转化为鹅的产品，形成 1 kg 仔鹅肉和鹅蛋中的蛋白质，大约分别需要品质良好的饲料蛋白质 2 kg 和 4 kg。

鹅的必需氨基酸有 10 种，即赖氨酸、蛋氨酸、色氨酸、苏氨酸、异亮氨酸、亮氨酸、苯丙氨酸、缬氨酸、精氨酸、组氨酸。饲料中蛋白质不仅要在数量上满足鹅的需要，而且各种必需氨基酸的比例也应与鹅的需要相符；否则蛋白质的营养价值低，利用效率就差。如果饲料中某种必需氨基酸的比例特别低、与鹅的需要相差很大，它就会严重影响其他氨基酸的有效利用，这种氨基酸称为限制性氨基酸。通常按其在饲料中的缺乏程度，分别称为第一、第二限制性氨基酸。配合饲料时，尤其应注意限制性氨基酸的供给和补充，以提高饲料蛋白质的营养价值。由于蛋氨酸在体内转化为胱氨酸，饲料中如果含胱氨酸比较充足，便能以较少量的蛋氨酸满足鹅的需要，因此常用蛋氨酸＋胱氨酸的总量来表示这类氨基酸的需要。

不同饲料中各种氨基酸的利用率是不相同的。氨基酸中能被鹅体吸收利用的部分称为可利用氨基酸。豆粕或棉籽粕中蛋氨酸＋胱氨酸的含量分别为

1.3％和1.27％，相差无几，但可利用的蛋氨酸＋胱氨酸却分别为1.17％和0.93％，豆粕比棉籽粕高25.8％。饲料蛋白质中氨基酸的种类、比例和利用率是影响蛋白质利用率的主要因素，也是饲料蛋白质品质高低的决定性因素。

三、碳水化合物

碳水化合物是鹅体重要的能量来源。鹅的一切生理活动过程，都需要消耗能量。由于饲料中所含总能量不能全部被鹅所利用，必须经过消化、吸收和代谢才能释放出对鹅有效的能量。因此，实践中常用代谢能作为制定鹅的能量需要和饲养标准的指标，代谢能等于总能减去排泄出的粪能、尿能。不同鹅品种及不同生产阶段对代谢能的需要量各不相同。

作为鹅的重要营养物质之一，碳水化合物在体内分解后产生热量，以维持体温和供给生命活动所需要的能量，或者转变为糖原贮藏于肝脏和肌肉中，剩余的部分转化为脂肪贮积起来。当碳水化合物充足时，可以减少蛋白质的消耗，有利于鹅的正常生长和保持一定的生产性能。反之，鹅体就会分解蛋白质产生热量，以满足能量的需要，从而造成对蛋白质的浪费，影响鹅的生长和产蛋。当然，饲料中碳水化合物也不能过多，以免使鹅生长过肥，影响产蛋。碳水化合物存在于植物性饲料中，动物性饲料中含量很少。

碳水化合物可以分为无氮浸出物和粗纤维两类。无氮浸出物包括淀粉和糖分。在谷实、块根、块茎中含量丰富，比较容易被消化吸收，营养价值较高，是鹅的热能和育肥的主要营养来源。粗纤维的主要成分是纤维素、半纤维素和木质素，通常在秸秆和颖壳中含量最多，纤维素通过消化最后被分解成单糖（葡萄糖）供鹅吸收利用。但是粗纤维中的各种物质互相嵌合成致密组织，鹅的消化道较短，不分泌分解粗纤维的消化酶，分解粗纤维的微生物也较少，因而对粗纤维的利用率很低。日粮中粗纤维含量过高，加快食物通过消化道的速度，也影响对其他营养物质的消化吸收。但适量的粗纤维可以改善日粮结构，增加日粮体积，还可刺激胃肠蠕动，有利于酶的消化作用，并可防止发生啄癖。

鹅对碳水化合物的需求量，根据年龄、用途和生产性能而定。一般来说，育肥期鹅和淘汰老鹅应加喂碳水化合物饲料，以免过早育肥，影响正常生长和产蛋。一般雏鹅日粮中粗纤维含量不宜超过3％，青年鹅、产蛋鹅不宜超过5％。

四、脂肪

脂肪是鹅体细胞和蛋的重要组成原料，肌肉、皮肤、内脏、血液等一切体组织中都含有脂肪，脂肪在蛋内约占 11.2%。脂肪是贮存能量的最好形式，鹅将剩余的脂肪和碳水化合物转化为体脂肪，贮存于皮下、肌肉、肠系膜间和肾的周围，能起保护内脏器官、防止体热散发的作用。在营养缺乏和产蛋时，脂肪分解产生热量，补充能量的需要。脂肪还是脂溶性维生素的溶剂，维生素 A、维生素 D、维生素 E、维生素 K 都必须溶解于脂肪中，才能被鹅体吸收和利用。当日粮中脂肪不足时，会影响脂溶性维生素的吸收，导致生长迟缓、性成熟推迟、产蛋率下降。但日粮中脂肪过多，也会引起食欲不振、消化不良和下痢。由于一般饲料中都含有一定数量的粗脂肪，而且碳水化合物也有一部分在体内转化为脂肪，因此，一般不会缺乏，不必专门给予补充。

需要补充的是，碳水化合物和脂肪都能为鹅体提供大量的代谢能。而生产实践中往往有对鹅的能量需要量重视不够的现象，尤其是忽视能量与蛋白质的比例及能量与其他营养素之间的相互关系。国内外大量的试验证明，鹅同其他家禽一样，具有"择能而食"的本能，即在一定范围内，鹅能根据日粮的能量浓度高低，调节和控制采食量。当饲喂高能日粮时，采食量相对减少；而饲喂低能日粮时，采食量相应增多，由此影响了鹅对蛋白质及其他营养物质的摄取。

五、矿物质

鹅体需要的矿物质有十多种，尽管其占机体的含量很少（3%~4%），且不是供能物质，但却是保证鹅体正常健康、生长、繁殖和生产所不可缺少的营养物质。如供给量不当或利用过程紊乱，则易发生不足或过多现象，出现缺乏症或中毒症。通常把鹅体内含量在 0.01% 以上的矿物质元素称为常量元素，小于 0.01% 的称为微量元素。鹅需要的常量元素主要有钙、磷、氯、钠、钾、镁、硫；微量元素主要有铁、铜、锌、锰、碘、钴、硒等。

（一）钙和磷

钙和磷是鹅骨骼和蛋壳的主要组成成分，也是鹅需要量最多的两种矿物质元素。

钙主要存在于骨骼和蛋壳中，是鹅形成骨骼和蛋壳所必需的，如缺钙会发生软骨症，成年母鹅产软壳蛋，产蛋量减少，甚至产无壳蛋。钙还有一小部分存在于血液和淋巴中，对维持肌肉及神经的正常生理功能、促进血液凝固、维持正常的心脏活动和体内酸碱平衡都有重要作用。雏鹅和青年鹅日粮中钙的需要量为 $0.6\%\sim0.8\%$，蛋鹅 $3.0\%\sim3.4\%$。日粮中钙的含量过多或过少，对鹅的健康、生长和产蛋都有不良影响。

磷除与钙结合存在于骨组织外，对碳水化合物和脂肪的代谢以及维持机体的酸碱平衡也是必要的。鹅缺磷时，食欲减退，生长缓慢；严重时关节硬化，骨脆易碎。产蛋鹅需要磷多些，因为蛋壳和蛋黄中的卵磷脂都含有磷。鹅在日粮中对有效磷的需要量，雏鹅为 0.46%，产蛋鹅为 0.5%。磷在饲料营养标准和日粮配方中有总磷和有效磷之分。鹅对饲料中磷的吸收利用率有很大出入，对植物来源饲料的磷吸收利用不好，大约只有 30% 可被利用；对于非植物来源的磷（动物磷、矿物磷）可视为 100% 有效。所以鹅的有效磷等于非植物磷和 30% 植物磷的总和。

维生素 D 能促进鹅对钙、磷的吸收。维生素 D 缺乏时，钙和磷虽有一定数量和适当比例，但产蛋母鹅也会产软壳蛋，生长鹅也会引起软骨症。此外，饲料中的钙和磷（有效磷）必须按适当比例才能被鹅吸收利用。一般雏鹅的钙与磷（有效磷）比例应当为 $(1\sim1.5):1$，产蛋鹅应为 $(4\sim6):1$。钙在骨粉、蛋壳、贝壳、石粉中含量丰富，磷在骨粉及谷物、糠麸中含量较多。在放牧条件下，一般不会缺钙，但应注意补饲些骨粉或谷物、糠麸等，以满足对磷的需要。相反，在舍饲条件下，一般不会缺磷，应注意补钙。

（二）氯和钠

通常以食盐的方式供给。氯和钠存在于鹅的体液、软组织和蛋中。其主要作用是维持体内酸碱平衡；保持细胞与血液间渗透压的平衡；形成胃液和胃酸，促进消化酶的活动，帮助脂肪和蛋白质的消化；改进饲料的适口性，促进食欲，提高饲料利用率等。缺乏时，会引起鹅食欲不振，消化障碍，脂肪与蛋白质的合成受阻，雏鹅生长迟缓，发育不良，成鹅体重减轻，产蛋率和蛋重下降。

氯和钠在植物性饲料中含量少，动物性饲料中含量较多，但一般日粮中的含量不能满足鹅的需要，必须给予补充。鹅对食盐的需要量为日粮的 $0.3\%\sim$

0.5％，喂多了会引起中毒。当雏鹅饮水中食盐含量达到 0.7％时，就会出现生长停滞和死亡；产蛋鹅饮水中食盐的含量达到 1％时，会导致产蛋量下降。因此，在鹅的日粮中添加食盐时，用量必须准确。

（三）硫

硫主要存在于鹅体肉、羽和蛋内。缺乏时雏鹅生长缓慢，羽毛发育不良，成鹅产蛋减少。硫的供给主要是靠胱氨酸和蛋氨酸。放牧的鹅群能吃到动物性蛋白饲料，不会缺硫。但在舍饲期，则应补充些鱼、虾、蚯蚓、鱼粉、豆粕、干酵母等有机酸较多的饲料，以满足鹅对硫的需要。

（四）铁

铁参与血蛋白形成，是各种氧化酶的组成物质，与血液中氧的运输和细胞生物氧化过程有关。缺乏时，发生营养性贫血；过量时，采食减少、体重下降，干扰磷的吸收。铁主要来源于谷实类、豆类、鱼粉、含铁化合物。

（五）铜

铜是酶的组成成分，参与多种酶的活动，能促进铁的吸收和血红蛋白的合成。缺乏时，引起贫血、骨质疏松和营养不良；过量时引起发育不良，出现溶血症。主要来源于含铜化合物，一般饲料中含量不多。

（六）锌

锌为多种酶的辅酶。缺锌时生长缓慢，皮肤和羽毛的生长发育不良。腿骨变粗短，踝关节肿大，饲料转化率下降。蛋鹅缺锌影响产蛋率，种鹅缺锌常出现畸形胚胎。对锌需求量的研究资料表明，当日粮中锌为 68 mg/kg 时，鹅得到最大的生长反应。肉骨粉和鱼粉是锌的良好来源，一般鹅日粮中都应该添加锌。碳酸锌、硫酸锌和氧化锌也都是锌的良好来源。注意过高的钙或植酸会影响锌的利用，使鹅背部羽毛脱落。

（七）锰

锰与鹅的钙磷代谢、脂肪代谢、健康和繁殖等有密切关系。日粮中缺锰，鹅腿骨粗短、跗关节肿大，易产生脱腱症；成鹅体重减轻、产蛋减少、蛋壳变

薄、孵化率降低。雏鹅对锰的需求量为每千克饲料含纯锰 55 mg，种鹅为 33 mg/kg。锰在麸皮中含量较多。饲料中缺锰时，可用硫酸锰进行补充。

（八）钴

钴是维生素 B_{12} 的重要原料。日粮中缺乏钴时，不仅影响体内肠道微生物对维生素 B_{12} 的合成，而且易引起鹅生长迟缓和恶性贫血，还可发生骨短粗病。

（九）碘

碘是酶的活性元素，能维持甲状腺的正常功能。缺碘时，甲状腺肿大，体重下降，胚胎后期死亡。主要来源于海产物和含碘化合物。

（十）硒

硒与维生素 E 互相协调，是谷胱甘肽或氧化物酶的组成成分。硒是最容易缺乏的微量元素之一，我国东北等一些地区土壤中缺硒，产出的饲料中（玉米）也缺硒。鹅在硒缺乏时，表现的症状是血管通透性差、心肌损伤、心肌包水、心脏扩大。缺硒的补充方法是在饲料中按 0.1 mg/kg 添加亚硒酸钠。由于亚硒酸钠毒性很强，必须严格控制添加量。当添加量超过 0.1 mg/kg 时，人食用鹅肉、蛋后会有不良影响。如添加超过 5 mg/kg 时，鹅生长受阻，羽毛蓬松，神经过敏，性成熟延迟，种蛋孵化后出现畸形胚胎。因此，添加亚硒酸钠必须严格掌握剂量，并与饲料彻底拌匀。

六、维生素

维生素的主要功能是调节机体内各种生理机能的正常运行，参与体内各种物质代谢。鹅对维生素的需要量虽少，但它们对维持生命机能的正常进行、生长发育、产蛋量、受精率和孵化率均有重大影响。鹅所需要的维生素有 13 种，根据其特性，可分为脂溶性和水溶性两类。脂溶性维生素有维生素 A、维生素 D、维生素 E、维生素 K，水溶性维生素有 B_1、维生素 B_2、泛酸、烟酸、维生素 B_6、胆碱、生物素、叶酸、维生素 B_{12} 等。鹅日粮中可不必提供维生素 C，因为鹅体内能自行合成。目前所用的各种饲料除青绿饲料外，所含维生素不能满足鹅的需要，因此，养鹅场要保证青绿饲料的供给，或使用维生素添加剂来补充维生素的不足。当维生素缺乏时，会引起相应的缺乏症，造成代谢紊乱，影响鹅的健康、生长、产蛋及种蛋的孵化率，严重的可导致鹅只死亡。此外，鹅在逆境因素（转群、拥挤、预防接种、高温、潮湿和运输等）的刺激下，对某些维生素的需要量也成倍增长，因此在实践中要根据具体情况来决定给予量。

（一）维生素 A

维生素 A 能保持黏膜的正常功能，促进鹅的生长发育，保持眼黏膜和视力健康，增强对疾病的抵抗力，提高产蛋率、孵化率。如缺乏维生素 A，生长发育停滞，抗病力下降，并导致眼病；种鹅产蛋量减少，种蛋受精率和孵化率下降，雏鹅体质弱，成活率低。维生素 A 存在于动物性饲料中，鱼肝油中维生素 A 含量很高，常用作维生素 A 的补充剂。青绿饲料中含有丰富的胡萝卜素，在体内也能转化成维生素 A。

（二）维生素 D

维生素 D 与钙、磷代谢有关，是骨骼钙化和蛋壳形成所必需的营养素。雏鹅缺乏维生素 D，产生软骨症、软喙和腿骨弯曲。蛋鹅缺乏维生素 D 时，蛋壳质量下降，产无壳蛋或软壳蛋。动物皮肤中的 7-脱氢胆固醇经紫外线照射后产生维生素 D_3，植物体中的麦角固醇经照射后产生维生素 D_2；鹅的饲料中应补充维生素 D_3，因为维生素 D_3 对鹅的抗软骨力较维生素 D_2 高 30 倍。鱼肝油和蛋类富含维生素 D_3。一般情况下鹅饲料能够满足维生素 D_3 的需求量，但在舍饲条件下，日粮中必须补充维生素 D_3。

（三）维生素 E

维生素 E 有助于维持生殖器官的正常机能和肌肉的正常代谢作用。维生素 E 又是一种有效的体内抗氧化剂，对鹅的消化道及机体组织中的维生素 A 等具有保护作用。缺乏时雏鹅生长速度降低，肌肉萎缩，种鹅产蛋率和受精率下降，胚胎死亡率提高。维生素 E 在籽实饲料的胚芽中含量丰富，青饲料含量也比较多。

（四）维生素 K

维生素 K 的主要生理功能为参与凝血作用。因此，缺乏维生素 K 时，鹅凝血时间延长，导致大量出血，引起贫血症。维生素 K 有四种：维生素 K_1 在

青饲料、大豆和动物肝脏中含量丰富；维生素 K_2 可在鹅肠道内合成；维生素 K_3 和维生素 K_4 是人工合成的，作为维生素 K 的添加剂使用。

（五）维生素 B_1（硫胺素）

维生素 B_1 是构成消化酶的主要成分，能防止神经失调和多发性神经炎。缺乏时，正常神经机能受到影响，食欲减退，羽毛松软无光泽，体重减轻；严重时腿、翅、颈发生痉挛，头向后背极度弯曲，呈"观星"姿势，瘫痪倒地不起。维生素 B_1 在糠麸、青饲料、胚芽、草粉、豆类、发酵饲料和酵母粉中含量丰富。

（六）维生素 B_2（核黄素）

维生素 B_2 对体内氧化还原、调节细胞呼吸具有重要作用。如饲料中缺乏，雏鹅生长缓慢，腿部瘫痪，行走困难，皮肤干而粗糙，种鹅产蛋量减少，孵化率降低。植物性饲料中以豆科饲料及其草粉、大麦、麸皮、米糠等含量较多，动物性饲料中则以鱼粉和血粉中含量较多。

（七）泛酸

泛酸是辅酶 A 的组成部分，与碳水化合物、脂肪和蛋白质代谢有关。缺乏时，雏鹅生长缓慢，羽毛粗糙，皮炎，嘴角及眼睑周围结痂，种鹅产蛋率和孵化率降低。泛酸在酵母、青饲料、糠麸、花生饼、小麦种含量丰富，玉米中含量很低。

（八）烟酸

烟酸对机体内碳水化合物、脂肪、蛋白质代谢起重要作用，并有助于产生色氨酸。缺乏时，鹅食欲减退，羽毛松软而缺乏光泽，并伴有下痢现象。烟酸在谷物饲料中含量较多，在动物性副产品中含量也较丰富。

（九）维生素 B_6（吡哆醇）

维生素 B_6 与机体蛋白质代谢有关。缺乏时，雏鹅生长停滞、皮肤发炎、羽毛粗糙、种蛋孵化率下降。植物性饲料中以豆科饲料及其草粉、大麦、麸皮、米糠等含量较多，动物性饲料中则以鱼粉和血粉中含量较多。

（十）胆碱

胆碱是构成卵磷脂的成分，它能帮助血液里脂肪的转移，有节约蛋氨酸、促进生长、减少脂肪在肝内沉积的作用。缺乏时，雏鹅生长缓慢，易形成脂肪肝。种蛋产蛋量下降。鱼粉、饲料酵母和豆饼等胆碱含量丰富，米糠、麸皮、小麦等胆碱含量也较多。

（十一）维生素 B_{12}

维生素 B_{12} 参与核酸合成、甲基合成、碳水化合物代谢、脂肪代谢以及维持血液中谷胱甘肽，有助于提高造血机能，能提高日粮中蛋白质的利用率，对鹅的生长有显著的促进作用。缺乏时，雏鹅生长迟缓、贫血，饲料利用率降低、食欲不振，甚至死亡。种鹅产蛋量下降，蛋重减轻，孵化率降低。维生素 B_{12} 在肉骨粉、鱼粉、血粉、羽毛粉等动物性饲料中含量丰富。

（十二）叶酸

叶酸对羽毛生长有促进作用，与维生素 B_{12} 共同参与核酸代谢和蛋白质的合成。缺乏时，雏鹅生长缓慢、羽毛生长不良，贫血，骨粗短。叶酸在动植物饲料中含量都较丰富。

（十三）生物素

生物素是抗蛋白毒性因子，参与脂肪和蛋白质代谢。缺乏时，鹅易患皮肤炎、骨骼畸形。一般饲料中生物素的含量都比较丰富。

（十四）维生素 C

维生素 C 可增强机体免疫力，有促进肠内铁的吸收作用。鹅体内具有合成维生素 C 的能力，一般情况下不会缺乏。当鹅处于应激状态时，应增加日粮中维生素 C 的用量，以增强鹅的抵抗力。

第二节　常用饲料

品质优良、营养丰富的饲料是发展养鹅业的物质基础，解决饲料供应和合理利用饲料始终是养鹅业发展所面临的关键问题。鹅体如同一台活的机器，其原料就是各种饲料，经过机体的复杂转化，最后得到营养丰富的各类鹅产品。由于各种饲料所含营养物质的量和比例都有很大差异，且任何一种饲料所含养分均不能完全满足鹅体的需要。因此，了解并掌握各类饲料的营养特性，合理配制和利用饲料，这是实现科学养鹅、提高饲养水平、缩短饲养周期、节约饲料、降低成本、增加鹅产品数量和质量的重要环节。

按照饲料营养特性，可将鹅的常用饲料分为能量饲料、蛋白质饲料、矿物质饲料、维生素饲料及饲料添加剂五大类。

一、能量饲料

所谓能量饲料，是指饲料中粗纤维含量低于 18%、粗蛋白低于 20% 的饲料，主要包括谷物的籽实及其加工副产品和根茎瓜类饲料两大类。这类饲料是养鹅生产中主要精料，适口性好，易消化，能值高，是鹅能量的主要来源。

（一）籽实类

1. 玉米　养鹅生产中最主要，也是应用最广泛的能量饲料。优点是含能量最高，代谢能达 13.39 MJ/kg，粗纤维少，适口性强，消化率高，是鹅的优良饲料。缺点是含粗蛋白低，缺乏赖氨酸和色氨酸。黄色玉米和白色玉米在蛋白、能量价值上无多大差异，但黄玉米含胡萝卜素较多，可作为维生素 A 的部分来源，还含有较多的叶黄素，可加深鹅的皮肤、跖部和蛋黄的黄色，满足消费者的爱好。据报道，国内外近年来已培育出高赖氨酸玉米品种。一般情况下，玉米用量可占到日粮的 30%～65%。

2. 大麦　每千克饲料代谢能达 11.09 MJ，粗蛋白含量 12%～13%，B 族维生素含量丰富。大麦的适口性也好，但它的皮壳粗硬，含粗纤维较高，达 8% 左右，不易消化，宜破碎或发芽后饲喂，用量一般占日粮的 10%～20%。

3. 小麦　小麦营养价值高，适口性好，含粗蛋白 10%～12%，氨基酸组成优于大米和玉米。缺点是缺乏维生素 A、维生素 D，黏性大，粉料中用量过大易黏嘴降低适口性。目前在我国，小麦主要作为人类食品，用其喂鹅不一定经济。

4. 稻谷　稻谷的适口性好，但代谢能低，粗纤维较高，是我国水稻产区常用的养鹅饲料，在日粮中可占 10%～30%。

5. 碎米　也称米粞，是稻谷加工大米筛出来的碎粒，粗纤维含量低，易于消化，也是农村养鹅常用的饲料。用料可占日粮的30%～50%。但应注意，用碎米作为主要能量饲料时，要相应补充胡萝卜素或黄色素。

鹅常用籽实类能量饲料营养成分参见表4-1。

表4-1　鹅常用谷实能量饲料参考的营养成分

饲料	水分 （%）	代谢能 （MJ/kg）	粗蛋白质 （%）	粗纤维 （%）	钙 （%）	磷 （%）	蛋氨酸 （%）	赖氨酸 （%）
大麦	11.2	11.20	10.8	4.7	0.12	0.29	0.11	0.45
小麦	8.2	12.87	12.1	2.4	0.07	0.26	0.23	0.32
燕麦	9.7	11.29	11.6	8.9	0.15	0.33	0.20	0.30
小米	13.4	14.04	8.9	1.3	0.05	0.32	0.23	0.14
糙米	13.0	13.96	8.8	0.7	0.04	0.25	—	—
碎米	12.0	14.09	8.8	1.1	0.04	0.23	—	—
稻谷	9.4	10.66	8.3	8.5	0.07	0.28	0.12	0.32
玉米	11.6	14.04	8.6	2.0	0.04	0.21	0.10	0.28
高粱	10.7	13.00	8.7	2.2	0.09	0.28	0.13	0.25
粟	8.1	10.12	9.7	7.4	0.06	0.26	0.24	0.20

（二）糠麸类

1. 米糠　米糠是稻谷加工的副产品，分普通米糠和脱脂米糠。米糠的油脂含量高达15%，且大多数为不饱和脂肪酸，易酸败，久贮容易变质，故应饲喂鲜米糠。也可在米糠中加入抗氧化剂或将米糠脱脂成糠饼使用。此外，米糠含纤维素较高，使用量不宜太多。一般在鹅日粮中的用量5%～15%。

2. 麸皮　麸皮是小麦加工的副产品，粗蛋白含量较高，适口性好，但能量低，粗纤维含量高，容积大，且有轻泻作用。用量不宜过大，一般可占日粮的5%～15%。

3. 次粉　次粉又称四号粉，是面粉工业加工副产品。营养价值高，适口性好。但和小麦相同，多喂时也会产生黏嘴现象，制作颗粒料时则无此问题。一般可占日粮的10%～20%。

鹅常用糠麸类饲料营养成分参考见表4-2。

表 4－2　鹅常用糠麸类参考饲料营养成分

饲料	水分 （%）	代谢能 （MJ/kg）	粗蛋白质 （%）	粗纤维 （%）	钙 （%）	磷 （%）	蛋氨酸 （%）	赖氨酸 （%）
大麦麸	13.0	8.19	15.4	5.7	0.33	0.48	0.18	0.42
小麦麸	11.4	6.52	14.4	9.2	0.18	0.78	0.15	0.61
玉米皮	11.8	6.56	9.7	9.1	0.28	0.35	0.14	0.29
米糠	9.8	10.91	12.1	9.2	0.14	1.04	0.25	0.63
高粱糠	8.9	9.66	4.0	4.0	—	—	0.28	0.38
稻糠	13	7.21	9.0	15.8	0.152	0.49	0.12	0.36

（三）根茎瓜类

用作饲料的根茎瓜类饲料主要有马铃薯、甘薯、南瓜、胡萝卜等。含有较多的碳水化合物和水分，适口性好，产量高，是养鹅的优良饲料。但因水分含量高，多喂会影响鹅对干物质的采食量，从而影响生产力。此外，发芽的马铃薯含有毒物质，不可饲喂。鹅常用的根茎瓜类饲料营养成分参考见表 4－3。

表 4－3　常用的根茎瓜类参考饲料营养成分

饲料	水分 （%）	代谢能 （MJ/kg）	粗蛋白质 （%）	粗纤维 （%）	钙 （%）	磷 （%）
胡萝卜	87.95	0.146 4	1.14	1.74	0.28	0.02
南 瓜	84.4	0.143 1	2.0	1.8	0.04	0.02
马铃薯	81.1	0.138 9	1.9	0.6	0.02	0.04
甘薯	75	0.147 3	1.0	0.9	0.13	0.05
甜菜	85	0.129 3	2.0	1.7	0.06	0.04

（四）青绿多汁饲料

青绿多汁饲料种类繁多，如人工栽种的高产优质牧草和青绿饲料，天然草地生长的野生牧草和野菜，河湖中生长的各种水草及萍藻类，绿树叶及农作物和蔬菜等。它们来源广泛，成本低廉，是饲养鹅最主要、最经济的饲料。鹅经常食用的部分青绿多汁饲料的营养成分参考见表 4－4。

表4-4 部分青绿多汁饲料的参考营养成分

名称	水分 (%)	粗蛋白质 (%)	粗脂肪 (%)	粗纤维 (%)	无氮浸出物 (%)	粗灰分 (%)	钙 (%)	磷 (%)
稻 草	90.20	1.40	0.60	1.20	4.40	2.20	0.15	0.04
麦 草	85.80	1.30	0.70	7.60	3.30	1.30	0.13	0.04
三叶草	88.00	3.10	0.40	1.90	4.70	—	0.13	0.04
狗尾草	89.90	1.10		3.20				
苦荬菜	90.30	2.30	1.70	1.20	3.20	1.90	0.34	0.12
野青草	84.29	3.55	0.64	2.54	—	—	0.34	0.12
小叶章	82.40	4.10	0.63	5.40	8.85	2.17		
羊 草	71.40	3.49	0.82	8.20	14.60	1.40		
苜蓿草	70.80	5.30	0.80	11.70	8.60		0.49	0.09
甜菜叶	89.00	2.70	—	1.10			0.06	0.01
水稗草	81.50	3.00		5.00				
白 菜	95.50	1.10	0.20	0.70			0.25	0.07
甘 兰	90.60	2.20	0.30	1.00	5.00	0.90		
绿 萍	87.00	1.50	0.22	1.80	8.50	1.80		
水浮莲	94.00	1.35	0.21	0.61	1.09	1.39		
榛叶草	74.20	5.60	5.80	3.80	8.90	1.70		
柞 叶	69.00	1.80	0.87	3.10	8.20	0.80		
榆 叶	60.30	7.00	3.50	3.30	20.50	5.40		
青刈玉米	88.85	3.45	0.69	2.41	3.17	1.43		

二、蛋白质饲料

指的是饲料中粗蛋白含量在20%以上，粗纤维小于18%的饲料。这类饲料营养丰富，特别是粗蛋白含量高，易于消化，能值较高。按其来源不同，分为植物性蛋白饲料和动物性蛋白饲料两大类。

（一）植物性蛋白饲料

1. 豆饼（粕）　豆饼是大豆压榨提油后的副产品，而采用浸提法提油后的加工副产品则成为豆粕。豆饼（粕）含粗蛋白42%～46%，含赖氨酸丰富，是我国养鹅业普遍应用的优良植物性蛋白饲料，缺点是蛋氨酸和胱氨酸含量不足。试验证明，用豆饼（粕）添加一定量的合成蛋氨酸，可以代替部分动物性蛋白饲料。此外应注意，豆饼（粕）中含有抗胰蛋白酶等有害物质，因此使用前最好经过适当的热处理。目前国内一般多用 110 ℃ 3 min 热处理，其用量可占鹅日粮的 10%～25%。

2. 菜籽饼（粕）　菜籽饼是菜籽榨油后的副产品，我国华中、华南、华东地区应用较多。作为重要的蛋白质饲料来源，菜籽饼（粕）粗蛋白含量达 37% 左右，但能值偏低，营养价值不如豆饼（粕）。而且菜籽饼（粕）含有芥子硫苷等毒素，过多饲喂会损坏鹅的肝、肾，严重时导致中毒死亡。此外，菜籽饼（粕）有辛辣味，适口性不好，因此饲喂时最好经过浸泡、加热或采用专门解毒剂脱毒处理。在鹅日粮中其用量一般控制在 5%～8%。

3. 棉籽饼（粕）　棉籽饼有带壳与不带壳之分，其营养价值也有较大差异。棉籽饼含粗蛋白 32%～37%，但注意棉籽饼含有棉酚等有毒物质，对鹅的体组织和代谢有破坏作用，过多饲喂易引起中毒。可采用长时间蒸煮或 0.05%FeSO$_4$ 溶液浸泡去毒等方法，以减少棉酚对鹅的毒害作用。棉籽饼用量一般可占鹅日粮的 5%～8%。

4. 花生饼　花生饼是花生榨油后的副产品，也分去壳与不去壳两种，以去壳的较好。花生饼的成分与豆饼基本相同，略有甜味，适口性好，可代替豆饼（粕）饲喂。花生饼含脂肪高，在温暖而潮湿的地方容易腐败变质，产生剧毒的黄曲霉毒素，因此不宜久存。花生饼用量占日粮的 10%～20%。

（二）动物性蛋白质饲料

1. 鱼粉　鱼粉是鹅的优良蛋白质饲料。优质鱼粉粗蛋白含量应在 50% 以上，含有鹅所需要的各种必需氨基酸，尤其是富含赖氨酸和蛋氨酸，且消化率高。鱼粉的代谢能值也高，达 12.13 MJ/kg。此外，还含有各种维生素、矿物质和未知生长因子，是鹅生长、繁殖最理想的动物性蛋白质饲料。鱼粉有淡鱼粉和咸鱼粉之分，淡鱼粉质量好，食盐少（2.5%～4%）；咸鱼粉含盐分高，用量应视其食盐量而定，不能盲目使用，若用量过多，盐分超过鹅的饲养标准规定量，极易造成食盐中毒。鱼粉在鹅日粮中的用量一般为 3%～8%。

2. 肉骨粉　肉骨粉是屠宰场的加工副产品。经高温高压消毒脱脂的肉骨粉含有 50% 以上的优质蛋白质，且富含钙、磷等矿物质及多种维生素，因此是鹅很好的蛋白质和矿物质补充饲料，用量可占日粮的 10%～15%。但应注意如果处理不好或者存放时间过长，发黑、发臭，则不能做饲料用，以免引起鹅瘫痪、瞎眼、生长停滞甚至死亡。

3. 血粉　血粉是屠宰场的另一种下脚料。蛋白质的含量很高，为80%～82%，但血粉加工所需的高温易使蛋白质的消化率降低，赖氨酸受到破坏。另外，血粉有特殊的臭味，适口性差，用量不宜过多，可占日粮的3%～5%。

4. 蚕蛹粉　蚕蛹粉是缫丝过程中剩余的蚕蛹经晒干或烘干加工制成的。蚕蛹粉的蛋白质含量高，用量可占日粮的5%～10%。

5. 羽毛粉　羽毛粉由禽类的羽毛经高压蒸煮、干燥粉碎而成，粗蛋白含量85%～90%，与其他动物性蛋白质饲料共用时，可补充日粮中的蛋白质。羽毛粉用量可占日粮的3%～5%。

6. 酵母饲料　酵母饲料是在一些饲料中接种专门的菌株发酵而成，既含有较多的能量和蛋白质，又含有丰富的B族维生素和其他活性物质，且蛋白质消化率高，能提高饲料的适口性及营养价值，对雏鹅生长和母鹅产蛋均有较好的作用，一般在日粮中可加入2%～4%。

7. 河蚌、螺蛳、蚯蚓、小鱼　这些均可作为鹅的动物性蛋白质饲料利用。但喂前应蒸煮消毒，防止腐败。有些软体动物如蚬肉中含有硫胺酶，能破坏维生素 B_1。鹅吃大量的蚬，所产蛋中维生素 B_1 缺少，死胎多，孵化率低，雏鹅易患多发性神经炎，俗称"蚬瘟"，应予注意。这类饲料用量一般可占日粮的10%～20%。

鹅常用蛋白质饲料营养成分参考见表4-5。

表4-5　鹅常用蛋白质参考饲料营养成分

饲料	水分	代谢能 (MJ/kg)	粗蛋白 (%)	粗纤维 (%)	钙 (%)	磷 (%)	蛋氨酸 (%)	赖氨酸 (%)
豆饼	13.00	11.04	43.00	5.70	0.32	0.50	0.57	2.74
棉籽饼	7.80	8.15	33.80	15.10	0.31	0.64	0.41	1.15
大豆粕	13.00	9.83	46.00	3.90	0.31	0.61	0.56	2.45
菜籽饼	7.80	8.44	36.40	10.70	0.73	0.95	0.56	1.83
花生仁饼	10.00	12.25	43.90	5.30	0.25	0.52	0.58	1.56
鱼粉	10.70	9.99	50.50	0.80	0.30	0.23	0.68	7.79
秘鲁鱼粉	11.00	12.12	62.00	1.00	3.91	2.90	1.65	4.35
肉骨粉	10.00	11.70	53.40	2.50	5.54	3.01	0.67	2.60

（续）

饲料	水分	代谢能 （MJ/kg）	粗蛋白 （%）	粗纤维 （%）	钙 （%）	磷 （%）	蛋氨酸 （%）	赖氨酸 （%）
血粉	10.70	10.25	82.80	0.70	0.29	0.31	0.68	7.07
酵母	8.30	9.16	41.30	—	2.20	2.92	1.73	2.32
葵仁饼	7.40	9.71	41.00	11.80	0.43	1.00	1.60	2.00
棉仁饼	—	9.50	41.00		0.17	0.97	0.55	1.59
亚麻仁饼	12.00	7.89	32.20	7.80	0.39	0.38	0.46	0.72
亚麻仁粕	12.00	7.95	34.80	8.30	0.42	0.95	0.55	1.16
玉米胚芽饼	12.00	7.60	16.70	6.30	0.04	0.55	0.31	0.70
玉米胚芽粕	10.00	6.99	20.80	6.50	0.06	0.65	0.21	0.75

三、矿物质饲料

（一）石粉

石粉是磨碎的石灰石，含钙达38%。有石灰石的地方可以就地取材，经济实用，一般用量可占日粮的1%～7%。

（二）贝壳粉

贝壳粉是蚌、蛤、螺蛳等外壳磨碎制成，含钙29%左右，是日粮中钙的主要来源。贝壳粉用量可占日粮的2%～7%。

（三）骨粉

骨粉是动物骨头经过加热去油脂磨碎而成，骨粉含钙29%、磷15%，是很好的矿物质饲料。骨粉用量可占日粮的1%～2%。

（四）磷酸钙、碳酸氢钙

磷酸钙、碳酸氢钙是补充磷和钙的矿物质饲料，磷矿石含氟量高，使用前应做脱氟处理。磷酸钙或磷酸氢钙在日粮中可占1%～1.5%。

（五）蛋壳粉

蛋壳含钙 24.4％～26.5％，粗蛋白 12.42％。用蛋壳制粉喂鹅时要注意消毒，以免感染传染病。

（六）食盐

食盐是鹅必需的矿物质饲料，能同时补充钠和氯，一般用量占日粮的 0.3％左右，最高不得超过 0.5％。饲料中若有鱼粉，应将鱼粉中的含盐量计算在内。

（七）沙砾

沙砾并没有营养作用，但补充沙砾有助于鹅的肌胃磨碎饲料，提高消化率。放牧鹅随时可以吃到沙砾，而舍饲的鹅则应加以补充。圈养鹅如长期缺乏沙砾，就容易造成积食或消化不良，采食量减少，影响生长和产蛋。因此，应定期在饲料中适当拌入一些沙砾，或者在鹅舍内放置沙砾盆，让鹅自由采食。一般在日粮中可添加 0.5％～1％，粒度以绿豆粒大小为宜。

四、维生素饲料

养鹅如不使用专门的维生素添加剂，青绿饲料和干草饲料粉则可作为主要的维生素来源。喂青绿饲料时应注意质量，最好有 2～3 种青绿饲料混合饲喂。

青菜、白菜、通心菜、甘蓝及其他各种菜叶、无毒的野菜等均为良好的维生素饲料。青嫩时期刈割的牧草、曲麻菜和树叶等维生素的含量也很丰富，用量可占精料的 30％～50％。某些干草粉、松针粉、槐树叶粉也可作为鹅的良好维生素饲料。此外，常用的维生素饲料还有水草和青贮饲料。水草喂量可占精料的 50％以上，适于喂育成鹅和种鹅，以去根、打浆后的水葫芦喂饲效果较好。另外水花生、水浮莲也可喂鹅。青贮饲料则可于每年秋季大量贮制，适口性好，为冬季良好的维生素饲料。

五、饲料添加剂

近年来，随着集约化畜牧业的发展，饲料添加剂工业发展很快，已成为配合饲料的核心部分。饲料添加剂是指加入配合饲料中的微量的附加物质（或成分），如各种氨基酸、微量元素、维生素、抗生素、激素、驱虫药物、抗氧化剂、防霉剂、着色剂、调味剂等。它们在配合饲料中的添加量仅为千分之几或万分之几，但作用很大。其主要作用包括：补充饲料的营养成分，完善日粮的全价性，提高饲料利用率，防止饲料质量下降，促进畜禽食欲和正常生长发育及生产，防治各种疾病，减少贮存期营养物质的损失，缓解毒性以及改进畜产品品质等。按照目前的分类方法，饲料添加剂分为营养性物质添加剂和非营养性物质添加剂两大类。

（一）营养性物质添加剂

主要用于平衡畜禽日粮养分，以增强和补充日粮的营养为目的，故又称强化剂。

1. 氨基酸添加剂　有赖氨酸和蛋氨酸添加剂。赖氨酸是限制性氨基酸之一，饲料中缺乏赖氨酸会导致鹅食欲减退、体重下降、生长停滞、产蛋率降低。蛋氨酸也是限制性氨基酸，适量添加可提高产蛋率、降低饲料消耗、提高饲料报酬，尤其在饲料中蛋白质含量较低的条件下，效果更明显。

2. 微量元素添加剂　鹅除了补喂钙、磷外，还需要补充一些微量元素，如铁、铜、锌、锰、钴、碘、硒等。在日常的配合饲料中添加一定量的矿物质微量元素添加剂，即可满足鹅对各种微量元素的需要。作为微量元素添加剂的各种试剂最好选择硫酸盐，因为硫酸盐可以促进蛋氨酸的利用，减少对蛋氨酸的需求量，节省成本。

3. 维生素添加剂　维生素添加剂种类较多，有的只含有少数几种脂溶性维生素，如维生素 A、维生素 D、维生素 E、维生素 K；有的是含有多种维生素的复合维生素，可根据需要选择使用。一般用量是每 100 kg 日粮中添加 10 g 左右。

（二）非营养性物质添加剂

这类添加剂不是鹅必需的营养物质，但添加到饲料中可以产生各种良好的效果，可根据不同的用途选择使用。主要有以下几种：

1. 保健促生长剂　含大量乳酸菌、双歧杆菌和其他有益细菌的产品，统称"益生素"，可以抑制肠道有害细菌的繁殖，预防泻痢，提高鹅的抗病能力。此外，某些激素也有促进生长的作用，但使用不当会有副作用。很多中草药也有保健、杀虫和促进生长的作用。

2. 食欲增进剂、酶制剂　在饲料中添加某些香料或其他成分，可以提高食欲，促进采食。添加酶制剂可促进营养物质的消化，促进生长，提高饲料的转化效率。

3. 着色剂　有些添加剂，如柠檬黄、虾青素、辣椒红等，可使鹅的皮肤变深，蛋黄变红，在市场上更受消费者的喜爱。

4. 饲料保存剂　饲料在贮运过程中，容易氧化变质甚至发霉。在饲料中加入抗氧化剂和防霉剂可以延缓这类不良的变化。常用的抗氧化剂有乙氧喹、丁基化羟基甲苯和丁基化羟基甲氧基苯等；防霉剂有丙酸钙、山梨酸、苯甲酸等。

需要注意的是，各类饲料添加剂的用量极少，必须在日粮中混合均匀，否则易发生营养缺乏症，或因采食过量而中毒。此外，维生素、酶制剂、益生素等添加剂在光线、空气中很容易失效，如受潮受热则破坏更快。因此，添加剂预混料应存放在干燥、阴凉、避光处，且开包后尽快用完，不能贮存时间过长。

第三节　饲养标准

随着饲养科学的发展，根据生产实践中积累的经验，结合消化、代谢、饲养及其他试验，科学地规定了各种畜禽在不同体重、不同生理状态和不同生产水平下，每只每天应该给予的能量和各种营养物质的数量，这种规定的标准称"饲养标准"。饲养标准在组成上包括两个主要部分，即畜禽的营养需要量或供给量、畜禽常用饲料营养价值表，多采用表格形式，便于生产实践中参考应用。

目前，现代畜牧业发达国家都制定有本国的各种畜禽的饲养标准，用于科学饲养指导生产，提高畜禽产品率、降低饲料消耗，节省成本，取得最佳的经济效果。世界上较著名的畜禽饲养标准有美国 NRC 饲养标准、英国 ARC 饲养标准、日本饲养标准等。前些年，我国已制定了鸡的饲养标准试行草案，以供养禽生产者参考应用，但对鹅的营养需求还在继续探索，尚未制定全国统一的饲养标准。需要指出的是，饲养标准在养鹅生产实践中起着重要的指导作用，是科学养鹅的基本依据，但没有一个国家的饲养标准是放之四海而皆准

的。因此，具体使用时应根据当地的实际情况，适当调整灵活运用，决不能生搬硬套。鹅的两种饲养标准见表4-6、表4-7。

表4-6　法国鹅饲养标准

营养成分	0～3周龄	4～6周龄	7～12周龄	种鹅
代谢能（MJ/kg）	10.87～11.70	11.29～12.12	11.29～12.12	9.20～10.45
粗蛋白质（%）	15.8～17.0	11.6～12.5	10.2～11.0	13.0～14.8
赖氨酸（%）	0.89～0.95	0.56～6.0	0.47～0.50	0.58～0.66
蛋氨酸（%）	0.40～0.42	0.29～0.31	0.25～0.27	0.23～0.26
含硫氨基酸（%）	0.79～0.85	0.56～0.60	0.48～0.52	0.42～0.47
色氨酸（%）	0.17～0.18	0.13～0.14	0.12～0.13	0.13～0.15
苏氨酸（%）	0.58～0.62	0.46～0.69	0.43～0.46	0.40～0.45
钙（%）	0.75～0.80	0.75～0.78	0.65～0.70	0.26～3.00
总磷（%）	0.67～0.70	0.62～0.65	0.57～0.60	0.56～0.60
有效磷（%）	0.42～0.45	0.37～0.40	0.32～0.35	0.32～0.36
钠（%）	0.14～0.15	0.14～0.15	0.14～0.15	0.12～0.14
氯（%）	0.13～0.14	0.13～0.14	0.13～0.14	0.12～0.14

表4-7　黑龙江籽鹅参考饲养标准（参考）

周龄 营养成分	0～4	5～10	11～28	越冬成鹅	产蛋鹅
代谢能（MJ/kg）	11.72	11.72	11.10	10.70	11.30
粗蛋白质（%）	18	15～16	12	8	15～16
粗纤维（%）	5	6	8	10	5～6
赖氨酸（%）	1.0	1.0	0.7	0.7	0.8
蛋氨酸（%）	0.35	0.35	0.30	0.30	0.40
钙（%）	1.0	1.2	1.2	1.2	2.4
总磷（%）	0.7	0.7	0.6	0.6	0.6
食盐（%）	0.35	0.35	0.35	0.35	0.35
铁（mg/kg）	25	25	25	25	25
锰（mg/kg）	85	85	75	75	85
锌（mg/kg）	95	95	85	85	95
铜（mg/kg）	2.5	2.5	2.5	2.5	2.5

（续）

周龄 营养成分	0~4	5~10	11~28	越冬成鹅	产蛋鹅
硒 （mg/kg）	0.12	0.12	0.12	0.12	0.12
碘 （mg/kg）	0.5	0.5	0.5	0.5	0.5
维生素 A （IU/kg）	10 000	10 000	10 000	10 000	10 000
维生素 D （IU/kg）	1 500	1 000	1 000	1 000	1 500
维生素 E （IU/kg）	20	20	20	20	20
维生素 B_1 （IU/kg）	6.0	3.0	3.0	3.0	6.0
维生素 B_2 （IU/kg）	4	2	2	2	4
维生素 B_3 （IU/kg）	10	10	10	10	10
维生素 B_4 （IU/kg）	1 000	500	500	500	1 000
维生素 B_5 （IU/kg）	65	65	60	60	70
维生素 B_6 （IU/kg）	3	3	3	3	4.5
生物素 （IU/kg）	0.5	0.5	0.3	0.3	0.8
叶酸 （IU/kg）	0.8	0.5	0.5	0.5	0.8
维生素 B_{12} （IU/kg）	0.03	0.03	0.03	0.03	0.05

第四节　日粮配制

　　鹅的日粮配制又称日粮搭配、日粮配合，是按照鹅饲养标准的规定，选用适当的饲料配合成为全价的日粮，使这种由多种饲料搭配成的日粮所含营养物质的数量符合饲养标准的规定量，其目的是以较少的饲料消耗、较低的饲料成本，获得较多质好、经济效益较高的鹅产品。日粮配制是养鹅生产实践中的一个重要环节。日粮配制是否合理，直接影响生产性能的发挥及生产的经济效益。日粮配方的制订，应注意以下几点。

　　（1）营养性　参照并灵活运用饲养标准，制订鹅的适宜营养需要量。应结合鹅的品种、性别、地区环境条件、饲料条件、生产性能等具体情况灵活调整，适当增减，确定适宜的营养需求量，最后再根据饲喂效果进行适当调整。

（2）多样性　在可能的条件下，选用的饲料种类应尽量多样，以利于营养物质的互补和平衡，提高整个日粮的营养价值和利用率。注意日粮的品质和适口性，忌用有刺激性异味、霉变或含有其他有害物质的原料配制日粮。

（3）经济性　应尽量选用价格低廉、来源方便的饲料原料，注意因地制宜、因时制宜，尽可能发挥当地的饲料资源优势。

（4）稳定性　日粮配方一旦确定，一般情况下不得随意更改。如确需改变时，应逐渐更换，有1周左右的过渡期，以免影响食欲，降低生产性能。

第五章
籽鹅肉鹅的饲养管理

第一节　雏鹅的饲养管理

一、雏鹅的生理特点

通常来说，育雏期是指鹅在 0～4 周龄时的饲养阶段。此期的工作重点是保证雏鹅正常的生长发育，使之体质健壮、成活率高。

1. 体温调节能力差　初生雏鹅全身仅覆稀薄的针状绒毛，保温性能和体温调节能力均较差，随着日龄的增加以及羽毛的生长，雏鹅的体温调节功能逐渐增强，约至 3 周龄时，才能够逐渐适应外界气候条件的变化。

2. 消化吸收能力弱　雏鹅的消化系统娇嫩，容积小，消化吸收能力弱，饲料通过消化道的速度较快。为此，要喂给易于消化吸收的饲料。饲喂青绿饲料时，要求其新鲜、幼嫩。

3. 抗应激能力差　雏鹅对外界环境的适应能力和抵抗力都很弱，抗应激能力差，稍有不慎，就可能因疾病而导致死亡。因此，在育雏期需要为雏鹅人为创造良好而稳定的生活环境，防止发生疾病，避免各种应激对雏鹅的不利影响。

4. 生长发育快　一般来说，雏鹅出壳时体重 60～80 g，育雏结束时体重约 1.5 kg，约为出生时体重的 20 倍。因此，饲养管理过程中应保证营养物质全面、供给合理，以满足其正常的生理需要。

二、育雏方式

通常来讲，应根据季节、资金及房舍等具体条件确定育雏方式。按育雏设

备的不同可分为网上育雏、地面平养、火炕育雏等；按热量来源的不同，可分为给温育雏和自温育雏。现代养鹅生产多为给温育雏。

（一）网上育雏

目前养鹅育雏大多采用网上育雏的生产方式。在育雏舍内地面上搭建高50～80 cm的支架，然后在其上铺置专用的塑料网（彩图31）。该法的优点是能使粪便漏下，避免了雏鹅与粪便的直接接触，在一定程度上可减少疾病发生的机会，有利于雏鹅的生长发育（彩图32）。网上育雏的缺点是，育雏初期有时出现雏鹅的肘部漏到网眼内而易使其被踩伤或者致残的现象，因此需要采取在网面上铺置纤维布、垫草或其他垫料的措施，该法还可起到吸潮、有效降低舍内湿度的作用。

目前规模化养鹅场已经有少数采用多层网上育雏的生产方式。在育雏舍内地面上按网上育雏形式搭建2～3层育雏塑料网，每层网下铺设接粪层并设有机械刮清粪装置（彩图33）。该法的优点是能使粪便漏下，避免了雏鹅与粪便的直接接触，育雏环境干净卫生，可相对减少疾病发生的机会，利于雏鹅的生长发育；粪便清理及时省时、简便快捷、节约人力并提高了空间利用效率。笼式育雏的缺点与网上育雏相似，因此需要采取在网面上铺置纤维布、垫草或其他垫料的措施。

（二）火炕育雏

该法是通过火炕烧柴的多少和时间的长短来控制炕面温度。一般来说，一方面要求炕面与地面齐平或稍高，另设烧火间，或利用现有的农家火炕；另一方面要求炕面无裂缝、不冒烟、受热均匀平稳。该法具有基础设施成本投入低的特点，适合于小规模的饲养户使用。多年来，该法在我国的广大农村一直被广泛采用。与之相似的地热式育雏（彩图34）可以看做是火炕育雏的延伸发展。

（三）地面育雏

地面育雏选择水泥地面上或者是在地势高燥的地方，铺置5～10 cm的锯末或秸秆等垫料，将雏鹅饲养在上面。该法投资少，简便易行，但需要大量的垫料，并需要经常更换，以保证其新鲜、干燥，故工作量较大。一般来说，该法比较适合在育雏的中、后期采用（彩图 35、彩图 36）。

三、育雏准备

（一）鹅舍准备

一般按每平方米饲养 8～10 只雏鹅准备育雏舍。要求育雏舍保温性能良好，舍内清洁、温暖、干燥、明亮，空气流通好，无穿堂风。进雏前，应做好育雏舍的消毒工作，彻底清扫舍内残存的粪便和尘土，用 1%～2% 的氢氧化钠溶液对房舍的四周、天棚和地面进行喷洒消毒。在进雏前的 3～5 d，封闭门窗，将室温升至 20 ℃以上，相对湿度 75% 以上，按高锰酸钾 20 g/m³ 和福尔马林 40 mL/m³ 进行密闭熏蒸消毒 24 h，然后打开房舍的门、窗，将舍内的甲醛排净。在进雏的前 2～3 d，做好预温工作，使舍温达到 28～30 ℃。

（二）用品准备

备好饲料及药品（包括雏鹅常见病的防治药物及疫苗）。注意，一定要选购正规厂家生产的质量可靠的产品。

四、雏鹅选择

（一）供雏单位

应到健康无疫病的种鹅场或正规的孵化场去购雏。

（二）品种

养殖场（户）可根据市场的需求并结合自身的生产条件，选择所需要的品种（品系）。如肉用商品鹅生产，要选择生长发育快、饲料报酬率高的品种（品系）。当前，养鹅生产中多青睐杂交鹅，因其生长发育快、饲料报酬率高，经济效益好，如莱茵鹅公鹅与籽鹅母鹅的杂交后代。

（三）引雏时间

根据当地的气候条件、市场行情、种鹅生产状况等具体情况来确定引雏时间。一般来说，应尽量选择种鹅在产蛋高峰期所产种蛋孵化的雏鹅（这一点对

于种用留雏来说更需注意），因其遗传素质高，质量好，易于成活。如在黑龙江地区，以选择5—6月孵出的雏鹅为好。此时恰逢青绿饲料大量产出季节，可使饲养成本大大降低，且育雏的大部分时间气候干爽、适宜，对生产有利。

（四）选择健雏

因健雏的生活力和抗病力强、生长发育快、成活率高，所以应选择符合品种要求、适时出壳、体重适中、绒毛干净、卵黄吸收好、活泼好动、叫声清脆和眼睛明亮有神的健雏。体重小、肚脐大、眼无神、行动不稳、缩颈垂翅、肛门沾粪、出壳时间延迟或提前的弱雏和瞎眼、歪头、跛脚的残次雏因难于饲养，尽量不要。对于种用留雏，更应精挑细选，且最好是2～3年的母鹅所产蛋孵化的雏鹅。弱雏及残次雏禁止留做种用。

（五）确定数量

应根据资金、设备、人员以及市场等具体情况确定数量（规模）。如果是种鹅生产，还需通过雌雄鉴别技术，根据品种（品系）的特点，按一定比例选留，如籽鹅的公母比例为1∶（5～7），并且在此基础上，雌雏和雄雏均应适当多留一些，为以后淘汰选留做准备。

五、雏鹅的运输

（一）运输工具

运输初生雏鹅的工具主要有汽车、火车和飞机等。具体选择哪种运输方式，则应根据时间和路途远近等因素而定。在时间方面，宜在出壳后24 h内将雏鹅运抵育雏舍，最多不超过48 h。如果运输时间过长，不但会增添途中饮水和饲喂的麻烦，而且还可能会因相互挤压、踩踏以及脱水、饥饿等原因而对雏鹅造成不利影响甚至出现大批量的死亡。所以，如果在路途较远（火车运输超过24 h）的情况下，为减少运输时间，最好选择以飞机为主的运输方式。1 000 km以内的路程，如果公路路面质量较好，最好使用汽车运输，以便雏鹅能够直接运到鹅舍门口，避免因中途换车而对雏鹅造成较大的应激。如果路面质量不好或经常塞车，则建议使用火车运输。建议在运输较多数量的初生雏鹅时，最好选用配备空调装置的运输工具。如有条件，最好使用专门的装雏箱，也可用硬纸箱、竹筐、柳条筐或其他木箱代替。在装雏箱的规格方面，要求箱体四周和上壁均设有通气孔，箱内又分成几个小格，并且在箱底铺置柔软的垫草，这样既能保暖、透气，又能有效防止雏鹅相互挤压、踩踏。垫料的选择不可忽视。通常来说，可选用厚纸板，或使用切短的稻草或麦秸。但需注意，稻谷壳和锯末不能作为装箱垫料，因其会引起雏鹅的啄食而导致消化不良甚至出现死亡。装箱时，依据箱体大小、路途远近、环境温度等情况确定每箱雏鹅的数量。

（二）选雏装箱

在雏鹅出壳绒毛干燥后，酌情对雏鹅进行雌雄鉴别以及免疫注射等工作。之后，进行选雏工作。宜选择符合品种特征、适时出壳、绒毛干净、色泽鲜艳、体重适中、脐部吸收良好、腹部大小适中且柔软、精神活泼、叫声响亮、无畸形的健康雏鹅装箱，如有弱、残、次等雏鹅需要运输，则应将其单独装箱。切记，无论雏鹅的强与弱，每箱所装的数量决不可过多，以防雏鹅相互拥挤、踩压。在摆放装雏箱时，一定要把箱体摆放得平稳、牢固，防止箱体倾倒、堆积，造成雏鹅的伤亡。

（三）途中护理

因为运输初生雏鹅是一项技术性较强的工作，所以必须由经验丰富的人员负责押送，以便能够有效应对可能出现的各种情况，保证运输效果。

在运输途中，应注意雏鹅状况，每隔 1～2 h 检查 1 次，如发现过冷、过热、通风不良应及时采取措施。在早春温度较低的天气运输初生雏鹅时，应注意防止雏鹅着凉感冒（尤其是在装车和卸车时更需注意），有时可使用御寒的棉被或被单以及塑料布等来遮风避寒。在夏季，要注意防止因温度过高而出现中暑，为此，宜选择在早晨或傍晚天气凉爽的时候运输。若在夏季天气炎热时运输，可考虑选用敞篷车。在冬季，要做好保温防寒工作。如果运输车内通风不良，温度较高，大量雏鹅聚集在一起，就会使产生的热量不易散发出去，雏鹅会急促地张口呼吸、急喘，继而会很快脱水、虚脱，闷热而死。在温度较低的情况下，雏鹅有可能会着凉感冒，并相互拥挤、踩踏、堆积而造成大量的死亡。在使用无空调装置的车等运输工具时的运输途中一定要注意保持环境温度的适宜和稳定，并随时查看雏鹅的状况，如雏鹅出现异常时，立即采取相应措

施。如果运输时间过长（超过 48 h），雏鹅就容易出现脱水的现象，所以在途中需要适当饮水（宜在饮水中添加少许食盐）。

另外，还要注意无论选用何种运输途径，在运输途中都要保持箱底水平，尽量避免震动、颠簸。用汽车运输雏鹅时，在起动、停车、转弯以及上、下坡以及在低洼不平的路面上行驶时，一定要注意轻缓，不可过猛、过急，防止雏鹅相互踩踏、堆挤，造成压伤甚至出现死亡。空运时，在飞机起飞、降落以及呈一定的倾斜角度飞行时，应随时关注雏鹅的状态，防止相互挤压、堆积；同时，还应注意因高空乏氧而致雏鹅窒息、昏迷、死亡，必要时需要供给一定的氧气。雏鹅运到目的地后，马上卸载，将其放入已经预温好的育雏舍，同时清点好数量，做好记录。

六、初饮开食

（一）初饮

当初生雏鹅表现出张嘴伸颈、啄食垫草或互相啄咬时，即可进行初次饮水。初饮时，应逐只引导、调教，逐只地将雏鹅的喙轻按入饮水器中 2～3 次，让其对饮水有一定的感知，随后雏鹅便会自行饮水。初次饮水可刺激食欲，促进胎粪的排出。切记，初饮的时间不可过晚，否则易造成雏鹅脱水甚至死亡。1 周龄内宜饮用温开水（水温约为 25 ℃），以后逐渐改用深井水或自来水。为增强雏鹅体质、缓解长途运输对雏鹅造成的应激，育雏前 3 d 内可在饮用水中添加一定量的多种维生素、葡萄糖和盐分。

（二）开食

雏鹅第一次吃料，叫开食。一般在雏鹅初饮 30 min 后便可开食。开食宜用全价颗粒饲料，撒在饲料盘中，供雏鹅啄食。及时开食，有利于保证雏鹅正常的生长发育。如果开食过晚，会导致营养供给不足、食欲不振、发育迟缓，甚至发生死亡。

1 周龄内宜每昼夜饲喂 8～9 次（夜喂 2～3 次），以后随着日龄的增长、采食和消化能力的增强，可逐渐减少饲喂次数，至 4 周龄时可每昼夜饲喂 4～6 次。应定时、定量饲喂，即适时、适量地添加水、料，保证槽位、水位，吃多少、添多少，避免雏鹅羽毛沾水潮湿，保证雏鹅羽毛干爽、洁净。

　　育雏阶段应饲喂适口性好、营养全面且易于消化吸收的饲料，同时保证充足、清洁的饮水。育雏前期，应以精饲料为主、青粗饲料为辅，随日龄的增长可逐渐提高青粗饲料的比例。育雏后期，可转为以放牧为主、补饲为辅；如无放牧条件，也可将秸秆粉经发酵后拌以适量精料和添加剂或青玉米、苦荬菜等经适当加工调制后饲喂。

　　因育雏期是雏鹅快速生长发育的阶段，对矿物质的需要量较大，如果缺乏，易发生缺钙、缺硒等多种疾病。所以，在育雏的中后期当饲喂青粗饲料的比例较大时，切记一定不要忽略矿物质添加剂的合理供给。生产中，应结合日龄、当地饲料资源等情况，制定科学、合理的日粮配方。因沙砾有助于雏鹅对饲料的消化吸收，所以应在1周龄后，在饲料中按一定比例添加直径为2～3 mm的沙砾，或在运动场放置沙砾盆供其自由摄取。育雏的后半程（15日龄后），可逐渐增加青绿饲料的饲喂量。

七、环境条件

（一）环境温度

　　通常情况下，1周龄内的环境温度为30～32 ℃，以后每周降1～2 ℃。生产中，可通过雏鹅的行为表现及生长发育情况来判断温度是否合适。当温度适宜时，雏鹅均匀分布，呼吸平和，安静，食欲、采食正常，吃饱后很快就安静睡眠，雏鹅的粪便、生长发育均正常，虽然雏鹅仍有喜欢趴卧在一起休息的习性，但没有集堆、相互挤压的现象。如温度过高，则雏鹅远离热源并向四周散开，张口呼吸，两翅开张，绒毛蓬松，频频饮水，叫声高而短，采食量减少；如温度长期过高，即所谓的"伤热"，会使雏鹅免疫力下降，生长缓慢；当温度较低时，雏鹅靠近热源，叫声细、频而尖，站立不卧，闭目无神，身体发抖，躯体蜷缩。

　　育雏生产中，还需灵活掌握一些规律，如夜间、阴天温度应高些；中午、晴天应低些；小群应高些，大群可低些；弱雏应高些，强雏可适当低些等。3～4周龄时，当雏鹅的御寒能力增强、舍内外温度基本相同时，则可逐渐脱温。育雏温度参见表5-1。

（二）环境湿度

　　生产中，要求育雏舍内的湿度适宜。如湿度过高，则病原微生物容易生存

繁殖，雏鹅易发曲霉菌病和大肠杆菌病等多种疾病；过低，舍内干燥，雏鹅体内水分散失，脚趾干瘪，食欲下降，且雏鹅易患呼吸道等疾病。在实际生产中，绝大多数情况是舍内湿度过高，所以应避免在给雏鹅添水时出现洒水和将饮水器撞翻等情况的出现，以保证环境湿度的适宜。育雏湿度参见表5-1。

表5-1 育雏期的温度、湿度和密度

周龄	温度（℃）	相对湿度（%）	密度（只/m²）
1	30～32	60～70	25
2	28～30	60～70	20
3	24～28	65	12～15
4	22～24	65	8～10

（三）饲养密度

在饲养管理过程中，应随日龄的增长，适当调节饲养密度。如饲养的密度过大，会使雏鹅相互拥挤，发生啄癖和环境条件恶化，影响采食和休息，进而影响雏鹅的生长发育，严重时会使雏鹅的发病率和死亡率增加；密度过小，虽有利于雏鹅的生长发育，但会使房舍的利用率低，生产成本增加。育雏密度参见表5-1。

（四）光照条件

适宜的光照是雏鹅饮水、采食和正常活动所必需的，尤其是初生的雏鹅视力较弱，若光线暗淡则不利于其饮水和采食，但是光照过强又易发生啄癖。同时，适宜的光照（尤其是阳光）还可促进某些内分泌的形成，有利于增强体质、预防疾病、保证正常的生长发育。通常来说，在育雏初期自然光照不能满足雏鹅的需要，所以应人工补充一定的光照。一般情况下，每40 m²的育雏舍使用一盏40 W灯泡，悬挂在舍中间离育雏平面2 m高处。1周龄内光照时间20～24 h，2周龄内16～20 h，3～4周龄14～16 h。

（五）通风

由于雏鹅在新陈代谢过程中产生大量的排泄物易导致舍内空气污浊、潮湿，因此在保证舍内适宜温度的条件下，还要进行必要的通风换气，以排出氨气等废气，保证舍内空气的新鲜以及降低舍内湿度，利于雏鹅的生长发育。一般来说，除进行常规的通风换气外，还可在舍外温度较高的中午打开门窗通风，但要避免过堂风和贼风。

第二节　中鹅的饲养管理

一、中鹅的生理特点

仔鹅 5～10 周龄采食力、消化能力、抗病力都大大提高，对外界的适应能力很强，是骨骼、肌肉、羽毛生长快速时期。此期食量大，耐粗饲，如以放牧为主，能最大限度地把青草转化为鹅产品，同时适当补喂一些精料，以满足高速生长发育的需要。

二、肉仔鹅放牧技术

养鹅生产中，放牧具有重要作用和意义。放牧可以使鹅采食到鲜嫩多汁、适口性好、营养丰富和消化率高的青绿饲料，从而节省饲料的大量投入，并且能够使鹅经常处于空气新鲜、阳光充足的环境中，促进新陈代谢，增强体质，提高抗病力、生活力和生产性能，降低生产成本。此外，合理的放牧还能在一定程度上起到改善草地质量的作用，具有一定的生态意义。

（一）选择牧地

较为理想的鹅放牧地应具备以下几个条件：有鹅喜食的牧草，如苦荬菜、牛茅草等，且草源丰富、草质优良，或秋收后田地里有遗落田间的谷物可供鹅采食，同时要求靠近清洁水源，无农药、工业废弃物的污染以及玻璃等硬杂物，以供鹅饮用和洗浴；距离鹅舍较近，不宜过远，且道路比较平坦，便于鹅行走；环境安静，远离公路、工厂等可产生噪声的地方，以避免鹅受到惊吓；有树荫或其他遮蔽物，供鹅遮阳或避雨。

（二）放牧时间

育雏后期，适时放牧能够起到促进新陈代谢、利于羽毛的生长且能很快适应外界环境等益处。初次放牧时间的确定要根据雏鹅日龄、气候条件、季节等因素而定。一般来说，最好选择在外界环境温度与育雏温度相接近且晴朗无风时进行，如春季在 2～3 周龄时进行。初次放牧时，时间不宜过长，以每次约 1 h 为宜，上下午各 1 次。初次放牧后，只要天气好，就坚持每天放牧，随着日龄的增长，逐渐延长放牧时间，加大放牧距离。需要注意的是，阴雨天和大风天等不良天气不能放牧。

中鹅期，因鹅的消化道容积增大，消化能力较强，对外界环境的适应能力增强，此阶段也是骨骼、肌肉和羽毛生长最快的时期，并能够大量利用青绿饲料。所以，此期应采取全天放牧（彩图 37）。放牧时间的长短，可根据鹅群状况、气候及牧草等情况而定。鹅的采食高峰在早晨和傍晚，所以要尽量早出牧、晚收牧。

成鹅期，如果牧地能够提供足够的饲料来源，可满足鹅育肥的需要，则可采取放牧育肥的方式；如不能，则应逐渐减少放牧时间，利用 1～2 周的时间由放牧逐渐过渡至舍饲育肥的生产方式。

（三）群体管控

放牧时，鹅群规模要根据鹅的日龄，放牧地的面积、草质、水源，放牧人员的技术水平等因素而定。一般来说，每群以 500～1 000 只为宜。如果是在田间地头等小区域放牧，则每群以 100～300 只为宜。放牧过程中，应将病、弱、残鹅分开管理。

（四）合理调教

在放牧过程中，如果能够对鹅进行一定的调教，使人鹅间建立良好的亲和关系，使鹅群养成良好的行为习惯，可大大减少放牧人员的工作量。所以，养殖人员要注意对鹅群调教，使鹅群养成良好的习惯，服从指挥、便于管理。对于鹅群的调教，宜让鹅从小开始熟悉饲喂和放牧信号，可用彩棒、布条等作为指挥信号，调教鹅群的出牧、归牧、下水、休息等，使其养成习惯，形成规律。此外，还需注意，在鹅群中，大多有头鹅，就是鹅群的领头鹅，可对其加以特殊调教，使其发挥好"领导"作用，从而便于整个群体的管理。

（五）适度洗浴

洗浴可起到清洁体表、促进生长发育的作用，尤其对羽毛的生长有利。当气温适宜时，可选择水温较高的水域进行初次洗浴。初次洗浴时，应让其自由下水，不可强行赶入。初次洗浴的时间不可过长（0.5 h 左右），避免着凉感冒，以后逐渐延长洗浴时间。晴暖天气时，可坚持每天下水洗浴；阴天下雨或气温较低时，可少下水或不下水，以免鹅只着凉患病。对洗浴水的要求是水质清洁、无污染，最好是流动的活水。如果是非流动水，应经常换水或定期对其进行消毒。洗浴时间不可过长，否则会影响鹅的采食和休息，对生长发育不利。

（六）科学补饲

为了满足鹅正常新陈代谢对蛋白质和矿物质等各种营养成分的需要，应对放牧鹅适当补饲一些精饲料及矿物质。补饲量应结合鹅的生理阶段、体况和放牧地饲草状况等综合因素而定。如果放牧场地有丰富的牧草或落地谷实可吃，则可不用补饲或少补。

（七）减少应激

应保证放牧人员和出牧、收牧时间的相对固定。忌对鹅群猛赶乱追，以免造成挤压践踏而引起伤亡损失。防止汽车、火车的鸣笛以及突然吆喝或发出其他剧烈声响而引起鹅的惊群。出牧和收牧时要点清好鹅数，防止丢失。因放牧多处于夏秋多雨季节，所以要随时关注天气变化，注意防止雨淋，尤其是在羽毛尚未丰满、体质较弱、抗病力较差时，一旦被雨水淋湿，容易引起呼吸道感染和其他疾病。即使是体况良好的成鹅，也要注意防止急雨、暴雨的突然袭击或长时间的雨淋。在放牧和野外夜宿过程中，还应注意防止黄鼠狼、狐狸等野兽侵袭鹅群的发生。

（八）卫生防疫

严禁到疫区放牧，如发现邻区放牧鹅群患有传染病时，应及时转移到安全地带，必要时应使用药物进行一定的预防。在发生疫情时，及时采取有效的应对措施，防止疫情扩散，并力求将损失减少到最低限度。鹅在放牧时，易感染某些寄生虫病，因此肉仔鹅可每1～2个月驱虫1次以及在出栏前1个月时驱虫1次。在夏季，尤其是暑伏天气，天气炎热，容易中暑，所以在放牧时应避开中午气温过高的时段，并且选择在通风良好、阴凉的地方休憩，不可让鹅在烈日下暴晒。天气炎热时，可将鹅群放入水中适当休息。此外，喷过农药、施过化肥的草地、果园、农田，要在15 d以后（或几次雨后）确认无毒害作用后方可进行放牧。

第三节　肉仔鹅的育肥

一、肉仔鹅育肥方法

中鹅阶段结束时，鹅体重达 3.0 kg 以上，虽然鹅的骨骼和肌肉发育比较充分可以上市，但没能达到适宜体重，膘度不够，肉质不佳，为此需进行短期（10～14 d）育肥。肉仔鹅的育肥有放牧育肥、舍饲育肥和强制育肥 3 种方法。

（一）放牧育肥

根据农作物的收获季节，把育肥鹅赶到田间，采食收后漏在地里的粮食与草籽，归牧后可根据仔鹅放牧采食的情况加强补饲，以达到短期育肥目的。该法成本低廉，但时间较长，主要适用于放牧条件较好的地方。

（二）舍饲育肥

该法是在光线暗淡的育肥舍内，限制鹅只的运动，喂以富含碳水化合物的谷实为主的配合饲料。养殖过程中，尽量减少一切应激，让鹅保持安静。做好卫生防疫工作，保持棚舍通风、干燥，饲养密度 4～6 只/m²。每天投喂 3～4 次，同时供给充足饮水，经 2～3 周后即可出栏上市。该法生产效率比较高，育肥的均匀度较好，适于放牧条件较差的地方和季节，但饲养成本较高。

（三）填饲育肥

该法分手工填饲和机器填饲。通常经 7～10 d 的填饲后鹅只即可出栏。该法能缩短育肥期，育肥效果好，但较麻烦，耗费人工。

二、肉仔鹅育肥膘情判定

主要根据鹅翼下两侧体躯皮肤及皮下组织的脂肪沉积程度来判定膘情。若鹅的全身皮下脂肪较厚，尾部丰满，胸部厚实饱满，富有弹性，则说明膘情较好，可以出栏上市；反之，则还需继续育肥。

育肥过程中，需要注意以下两点：一是养殖数量较多时，可采取分群育肥或分批出栏的方式；二是在育肥过程中切不可随意中断精饲料的供给、改变饲喂程序或更换饲料，因为这些因素都可能引起鹅的应激反应，影响育肥效果。

第六章
籽鹅种鹅的饲养管理

第一节　育　雏　期

通常来说，育雏期是指鹅在0~4周龄时的饲养阶段。

一、种雏的选择

就种用雏鹅的选择而言，既要有利于在育雏期间的饲养管理，同时也更要注重有利于今后种用生产性能的良好发挥。因此，种用雏鹅在选择方面，决不能等同于一般的商品雏鹅的选择，应更为严格和谨慎。通常来讲，主要应注意以下几方面的内容。

（一）选雏时间

首先，应保证雏鹅在遗传素质方面的优良，使其在翌年开始产蛋时，不但能达到性成熟也能够接近或达到体成熟。因此，大多以选择种鹅在产蛋前期和中期所产的蛋孵化的雏鹅留做种用为宜，如尽量选择在5—6月中旬之间孵化的雏鹅留做种用。这样做，不但能够保证雏鹅在遗传方面的优越性（这是因为在此期间生产的雏鹅遗传素质高、质量好），同时也易于饲养管理。如引雏时间过早，青绿饲料缺乏，过多地饲喂精饲料，会使饲料成本增高，同时早春天气较凉，使育雏生产的取暖成本增加；如引雏时间过晚，会因雏鹅质量差、遗传素质低等问题对以后种用性能的发挥造成不良影响，且育雏的大部分时间又恰逢雨伏天气，会给生产带来一定的困难。因公鹅的性成熟晚于母鹅的性成熟，所以在选雏时间方面还需注意，若所需要的公、母雏均为种鹅在同一繁殖

期内所生产的，则公雏的选留时间不能晚于母雏，通常以略早于母雏为宜，同一批次也可。

（二）挑选健雏

选择免疫程序正规的种鹅场或孵化场生产的符合品种要求，适时出壳、体重适中、嘴巴和四肢红润光滑、绒毛鲜亮、干净且无血污、粪便等黏斑，卵黄吸收好，肚脐干净柔软，活泼好动，叫声响亮、清脆，反应灵敏和眼睛明亮有神的健雏留做种用。歪头、瞎眼、大肚脐、体重过轻、畸形、瘸腿以及浑身沾满血污、粪便的弱雏及残次雏均应禁止留做种用。

（三）数量及公母比例

应根据资金、设备、人员以及市场等具体情况确定选留种雏鹅的数量（或种鹅场的规模），切不可不切实际地盲目购入。同时，通过雌雄鉴别技术，根据各品种的特点，按照一定的比例选留。通常来说。籽鹅的公、母鹅比例为1：（5～6）。在正常比例的基础上，雌雏和雄雏均应适当多留一些，为以后淘汰选留做准备。

二、进雏前的准备

对育雏舍内外采取喷洒或熏蒸等消毒措施。备好供暖、光照、喂饲、饮水等设备和用具。备足饲料、药品和消毒剂。提前1 d对育雏舍进行预温，使舍温达到28～32 ℃。

三、饲养管理

（一）饮水、开食

雏鹅宜在出壳后18～24 h进行初次饮水。开食宜用配合颗粒饲料，并可在其中加入适量切细的鲜嫩青绿饲料，撒在料盘中，引诱雏鹅啄食。

（二）分群

在育雏过程中，应根据雏鹅的生长发育及体质差异等情况分群饲养，以便于管理，保证群体正常的生长发育和整齐度。分群饲养时，每群的数量不宜太大，以 100～200 只为宜。为了避免拥挤，保证育雏效果，有条件的还可采用小群看护饲养法，即每小群的只数为：1 周龄 15 只，2 周龄 20 只，3 周龄 25 只，4 周龄 30 只。

（三）育雏方式

可采用网上育雏、火炕育雏或地面育雏等方式。

（四）环境要求

雏鹅体小娇嫩、敏感性强，适应能力和抵抗力都较弱，因此，在雏鹅阶段需要提供适宜的环境条件，减少各种应激的发生。种鹅育雏期的温度湿度、饲养密度、通风、光照要求可参照普通鹅育雏期要求来提供。

1. 洗浴　下水洗浴可起到清洁鹅体、促进生长发育的作用，尤其对羽毛的生长有利，并可通过运动增强体质、增加采食量。当雏鹅 15 日龄且气温适宜时，可选择水温较高的水域进行初次放水。初次放水时，应让其自由下水，不可强行赶入水中。初次洗浴的时间不可过长，时间约为 0.5 h，否则容易着凉感冒，以后逐渐延长洗浴时间。对洗浴水的要求是水质清洁、无污染，最好是流动的活水。晴暖天气时坚持每天下水洗浴；阴天下雨或气温较低时，可少下水或不下水，以免雏鹅着凉患病。

2. 放牧　适时放牧，可有效减少精料的饲喂量，降低生产成本，同时还有利于提高雏鹅适应外界环境的能力、增强体质。10 日龄以后，即可选择晴好天气将雏鹅赶至有鹅喜食的嫩草处放牧，让其自由采食青草。初期放牧时间要短，路途宜近，随着日龄的增加，可逐渐延长放牧的时间和距离。

3. 营养供给　雏鹅的消化系统娇嫩，容积小，消化吸收能力差，食物通过消化道的时间短，且生长速度快。所以，此阶段应饲喂适口性好、易于消化吸收、营养全面的饲料。应"少喂勤添"，随着日龄的增长，逐渐增加饲喂量。育雏前期应以精饲料为主、青绿饲料为辅，随日龄的增长可逐渐增加青绿饲料的比例。但有一点需注意：在头几次饲喂青绿饲料时，量不可过大，应循序渐进，逐渐增加饲喂量，否则会因消化不良而发生腹泻。生产中，应结合所饲养的品种类型、生长发育特点等，制定日粮配方。

种鹅育雏阶段较好的做法是定时、定量饲喂，即做到适时、适量地添加水、料，吃多少，添多少，做到够用且不浪费。每次在鹅吃饱、饮足后，立即

将水槽和料槽撤下，避免雏鹅羽毛沾水潮湿，保证雏鹅羽毛干爽、洁净。如雏鹅羽毛能够保持干爽、洁净，则对雏鹅的生长发育相当有利。以往在育雏前期添加一次水、料就可够一天甚至是一昼夜的做法对雏鹅的不良影响是相当大的，很多养殖者在这一方面都存在经验不足的情况。

第二节 后 备 期

通常可将整个后备期划分为前期（5～10周龄）、后期（11周龄至产蛋前4周）两个阶段，针对各阶段的不同特点采取相应的饲养管理措施。

一、前期的饲养管理

（一）营养供给

在此阶段，鹅消化器官的发育已接近成熟，耐粗饲，可以放牧为主，酌情予以适当的补饲，以保证其生长发育的需要。如果无放牧条件而舍饲，则可用刈割的青绿饲料或秸秆粉经生物发酵剂发酵后调制成配合饲料投喂，并供给清洁充足的饮水。此期有一点需特别注意：因放牧鹅矿物质摄入不足，所以一定要补充适量的矿物质添加剂，以满足鹅正常生长发育的需要。参考补饲配方：玉米81.4%，豆粕10%，石粉3%，磷酸氢钙3%，盐0.6%，预混料2%。另外，为促进和保证鹅对所采食饲料的消化吸收，应供给鹅直径0.2～0.3 cm的沙砾，沙砾槽放在运动场的一定位置，供鹅自由采食。

（二）放牧

在有放牧地的情况下，随着日龄的增加和采食能力的增强，可全天放牧。放牧地应选择富含鹅喜食的牧草且距离鹅舍较近处，不宜过远，确定最佳放牧路线，避免出现"吃肥走瘦"的现象。同时，要求放牧地有可供洗浴、饮用的水域（水面不可过大，否则不便于管理）。收牧时清点好鹅数，如有丢失及时找回。较远距离放牧时，可因陋就简、就地取材，搭建临时性棚舍，以起到防风、避雨和防兽害的作用。下雨前，把鹅赶回棚舍，避免雨淋，尤其要注意防急雨、大雨的袭击。在炎热天气，可适时放水或在树荫下休息纳凉，同时饮水也要充足，以防中暑。另外，在农田边缘放牧时，要注意预防农药中毒。放牧是锻炼种鹅具有良好体质的较好方法，但在舍饲环境条件下或在进入冬季时，若活动减少，运动量不足，则不利于种鹅锻炼成良好的体质，所以要在建舍时规划好足够面积的运动场（一般来说，运动场面积为舍内面积的 2～3 倍），并做到定时驱赶运动，保证让鹅群有一定的运动量。

（三）分群

按体质强弱、批次分群，以防止以大欺小、以强欺弱而影响个体的生长发育和群体整齐度，一般以每 200 只鹅为一群，不宜过大。来源于不同群体的后备鹅重新组群后，可能由于彼此不熟悉，常常不合群，甚至有"欺生"等现象发生。在这种情况下应加强管理，使其尽早合群。

（四）选留

在育雏结束转入后备期前，要选择生长发育良好、体型正常的鹅只组成后备种鹅群，淘汰体重较小、有伤残、有杂色羽毛的个体。

二、后期的饲养管理

（一）限饲

后期应实行限制饲养。限饲，就是控制饲料质量、降低日粮的营养水平，利用鹅耐粗饲的特点，最大限度地饲喂青、粗饲料，尽量减少精料的投入，达到降低饲养成本的目的。其目的有三：一是控制后备鹅体重的增长速度，防止过肥，使之具有适合繁殖的体况；二是控制开产的时间，使其不能过早产蛋；三是节约精饲料的投入，降低成本，保证经济效益。

因黑龙江省地处寒区，鹅在冬季的体能消耗大，因此限饲时一定要适度，不可过度。在进入寒冷的冬季前，可将鹅饲喂得略肥些，以增强其体质。应当注意的是，这一阶段的时间较长，是后备种鹅生殖系统发育的关键时期，如果饲养管理不当，尤其是营养缺乏时，将影响各生殖器官的发育，造成性成熟的推迟，而影响以后生产性能的发挥，所以一定要注意营养的合理供给。

（二）活拔羽绒

在 80～140 日龄（即 8 月初至 9 月底），可活拔羽绒 1～2 次，既可增加效

益，又可在一定程度上达到限饲的目的。

（三）环境调控

黑龙江省在 10 月以后进入冬季，气候比较寒冷，尤其是在 12 月至翌年 1月，气温有时可达－30 ℃以下。因此，需要给鹅提供一定的舍内条件。舍内温度以不结冰为原则，5 ℃左右较为合适。温度过低，不但会使鹅体消耗过多的体能御寒，浪费大量的饲料，同时也会降低鹅对疾病的抵抗力；温度过高，使鹅不适应舍内外温度的变化，易发生感冒，也会使鹅发生脱毛现象，就是通常所说的"伤热"。在保证温度的前提下，还要进行良好的通风换气，以减少舍内氨气等有害气体的含量。湿度也不宜过大，一般要求相对湿度 65％左右。进入数九天后，因气候寒冷，要防止种鹅冻伤，这段时间宜选择向阳、背风的地方，在太阳升起后再进行舍外运动。在冬季，还应保证鹅在舍外一定的运动量，以达到促进食物的消化吸收和锻炼体质的目的。

（四）选种

在 70～80 日龄时，主要根据生长发育状况、羽毛生长情况及体型外貌等特征，把生长快、羽毛符合品种标准和体质健壮的个体留用。在 150～180 日龄时，选择具有本品种特征、生长发育良好的鹅留用。

（五）公母鹅分群

因公母鹅在体质方面存在一定的差别，如果混群饲养，易造成公母鹅体况差异悬殊，同时也易造成母鹅提前开产，既不利于种鹅生产性能的发挥，也不利于整个生产的安排。另外，也会因经常出现的交配现象使公鹅的阴茎被咬伤或冻伤，失去种用价值，造成不应有的损失。所以，需要将公母鹅分开饲养。

（六）洗浴

进入冬季前，鹅还可在水中洗浴，但时间不可过长，否则会因水温过低等原因使体能消耗过大，导致膘情下降、体况不佳。

（七）控制好均匀度

可通过分群、调节精粗饲料比例、控制营养摄入等方式来掌控群体的均匀度，以使整个鹅群开产后，在短期内即可达到产蛋高峰，获得理想的产蛋效果，同时便于产蛋期的饲养管理。

第三节　产蛋前期

通常来说，种鹅开产前是指在开产前 1 个月至开产这一阶段。这一过程虽然时间较短，但是对于种鹅今后生产性能能否正常发挥却有着相当重要的影响，所以绝不能掉以轻心，应加强饲养管理，为进入产蛋期做好充分的准备。

一、调群

为保证种鹅的产蛋量和受精率，生产出优质雏鹅，应对种鹅进行合理的挑选，选择体质健壮、膘情适度、发育良好的鹅留做种用，体质瘦弱和过于肥胖的鹅则不宜留作种用。应当强调的是，必须对公鹅逐只地检查，凡生殖器官发育不良、畸形、阴茎脱垂外露、阳痿、精液品质差的一并淘汰。在种鹅开产前15 d 左右将公母鹅按一定的比例组群，使其相互熟悉，增加亲和力，为配种做好准备。组群数量以每群不超过 200 只为宜，可能的情况下，数量越少越好。公、母鹅的比例应根据体型、体况、群体数量、品种特点等因素而定，不可过大或过小。如果群体中种公鹅的比例过少，会造成配种公鹅的体力消耗过度，而影响配种效果；但公鹅的数量也不可过多，否则既会增加饲养成本，又会因发生咬斗等情况而影响生产。组群时，还要避免出现近亲交配的现象。在年龄组合上，除采取同年龄段的搭配外，还可采取老少搭配的形式，即老公鹅配小母鹅，或小公鹅配老母鹅。

二、加料促产

在开产前，应逐渐增加精料的饲喂量，逐渐提高饲料的营养水平，用 4 周的时间过渡到自由采食，使群体在适宜的时间开产。在这里适宜的时间包含两方面内容：一是种鹅在开产时要达到一定的月龄（指初产鹅），利于节省饲料，保持高产、稳产，不可过早产蛋（配种），否则会造成母鹅早产，蛋质差，产蛋高峰期短，产蛋持续力差，且种蛋会因保存时间过长而致孵化率低，公鹅配种能力和精液品质差；过晚则又会造成产蛋期短，产蛋量少。二是在一定的月份开产，受气候条件等因素的限制，在黑龙江省母鹅适宜的开产时间应是 3

月，4—5 月进入产蛋高峰期，这样有利于孵化和生产管理。临产的母鹅体态丰满，羽毛紧凑，光泽鲜明，尤其是鹅颈部的羽毛更为光亮，尾羽与背平行，后腹部下垂，耻骨间开张达 3 指以上，肛门平整呈菊花状，行动迟缓，食欲增大，喜食矿物质饲料，有求偶表现。要保证有清洁充足的饮水，不宜让鹅饮用冰水。公鹅的精料应提前补充，使之在混群后有充沛的体力和旺盛的性欲进行配种，保证种蛋的受精率。最后还要注意的是，饲喂要适度，防止过肥，以免影响配种和产蛋。

三、光照管理

光照是影响产蛋的重要因素。对于有些品种的鹅，适当增加光照可刺激母鹅开产，促使公鹅达到性成熟。我国北方鹅均属长日照的品种，每昼夜需日照 15 h。自然光照不足时，应采取人工补光。增加光照与改换日粮同步进行，产蛋前采取早晚两头均匀递增的方式，用 4 周的时间逐渐增加每昼夜的光照时间，使种鹅在临近产蛋时的光照时间达到每昼夜 15 h，光照强度 4 lx，并一直维持到产蛋结束。

第四节　产　蛋　期

产蛋期的饲养管理是整个种鹅生产的重中之重，直接关乎整个生产的经济效益，因此一定要给予足够的重视。

一、营养供给

可以说，种鹅在产蛋期的营养供给是整个产蛋期饲养管理工作的重中之重，所以一定要注意营养物质的全面供给。生产中，可根据种鹅的产蛋、配种、孵化等情况适当调整日粮配方，尤其是要注意产蛋高峰时的营养供给。如果饲料中营养成分不全或含量不足以及各营养物质间的比例失调等，则会造成公鹅体况下降，性欲低下、配种效果差；母鹅膘情下降，产蛋量减少，甚至停产。同时，还要避免因营养水平过高造成的种鹅过肥：母鹅过肥，会使卵巢和输卵管中积存大量脂肪，影响卵细胞的排出、卵子在输卵管中的正常运行和卵的受精；公鹅过肥，则精液品质差，体态笨拙，不利于交配。生产中，可通过细心观察种鹅的粪便状态等情况，以调整饲料配方。如果鹅粪的状态为细条状，颜色发暗或发黑，又较为结实，这说明种鹅营养过剩，必须适当地减少精料，增加青粗饲料；如果种鹅排出的粪便粗大松软，呈条状，表面有光泽，用脚轻拨能断成几段，这说明营养适中；如果种鹅过瘦，母鹅产蛋量不高，蛋重变小，蛋壳变薄，蛋形异常，公鹅性欲低下，且二者排出的粪便颜色淡不成形，一排出就散，这说明营养水平不够，应提高日粮的营养水平。参考日粮配方 A：玉米 63.0％，豆粕 25.3％，鱼粉 1.0％，蛋氨酸 0.06％，石粉 7.7％，磷酸氢钙 1.7％，盐 0.26％，预混料 1.0％；配方 B：玉米 48.5％，豆粕 18％，饲料酵母 3％，稻糠 18.07％，麦麸 5.0％，蛋氨酸 0.15％，石粉 5％，磷酸氢钙 1.5％，盐 0.4％，胆碱 0.05％，多种维生素 0.03％，微量元素添加剂 0.3％。

喂料可分早、午、晚 3 次进行，保证槽位，让其自由采食，保证鹅吃饱、吃好。若有条件，可多给种鹅饲喂一些青绿饲料，以利于产蛋。此外，还要补饲夜食，可在晚上 9:00～10:00 添加，这样既可以避免因饥饿而产生的骚乱和咬斗等现象，还可以延长产蛋高峰期，有利于生产。白天和夜晚都要保证种鹅饮水的充足，并避免让其饮用冰水。黑龙江省的早春季节气候较冷，水易结冰，饮用这样的水会对产蛋有一定的影响，所以在舍外应勤添饮水，避免让鹅饮用冰水，有条件的最好让种鹅饮温水。

二、舍外运动和放牧

适当的舍外运动（自由运动和人工驱赶运动相结合）和放牧，能够使种鹅得到足够的光照、运动量，并能促进消化、增强体质。但产蛋母鹅行动迟缓，较为笨拙，所以要选择近而平坦的场地进行运动与放牧，不得猛烈驱赶，以免跌伤或造成腹腔内蛋的破裂。

三、配种管理

配种是种鹅生产管理工作中非常重要的一个环节，如果在生产中发现公鹅患有生殖器官疾病或其他疾病，要及时更换，以保证配种比例。此外，还可根据种蛋的受精率情况，及时调整公母鹅的比例及鹅群结构，以保证种蛋的受精率和孵化率。对性欲较低的公鹅，可喂些壮阳药（如淫羊藿等），能保证配种效果。因为种鹅配种一般在早晨和傍晚时较多，所以在早晨和傍晚时应尽量让鹅多在运动场内或洁净的水域中活动、采食、饮水，同时避免各种干扰，以增加配种机会，提高配种效果。但要防止鹅在水中活动、洗浴时间过长，导致体能消耗过大，体力下降，影响配种、产蛋。另外，多数文献中提及倡导让鹅在水中配种，而黑龙江省种鹅的产蛋高峰期正值 4—5 月，此时水面刚刚开始融化，水温较低，鹅入水后易受低温等应激而影响配种和产蛋。因此，在黑龙江省种鹅产蛋的前、中期不宜在水中配种。实践证明，"旱养法"亦能获得良好的配种、受精效果。在产蛋后期，有条件的可提供水源或设置水面活动场让鹅在水中洗浴、配种，但要防止在水中活动时间过长，导致体能消耗过大，体力下降，影响产蛋。

四、产蛋管理

开产前，放置产蛋箱，按每 2～3 只母鹅 1 个产蛋箱配置，产蛋箱内铺置松软的垫草。母鹅的产蛋时间多是在凌晨 2：00 至上午 10：00，个别的鹅在下午产蛋，故应在上午 10：00 前后、下午 5：00 左右各捡 1 次种蛋。有的初产鹅开产时常随处产蛋，致使脏、破蛋增多，所以要加强初产母鹅产蛋习性的调教，使之尽可能在产蛋箱内产蛋，减少出现窝外蛋。如放牧前有的母鹅表现出鸣叫不安、腹部饱满、尾羽平伸、泄殖腔膨大、行动迟缓，欲上巢，这可能是有蛋要产出，应将其留在圈舍内，待产蛋结束后再放牧。若发现有的母鹅在放牧时不吃草，头颈伸长、鸣叫，时而趴卧，这多是要产蛋的表现，应不予打扰使其将蛋尽快产下然后收集，或将其赶回舍内产蛋箱处产蛋。也有的母鹅在放牧途中产蛋，要注意收集，防止丢失、破损。为方便部分母鹅在运动场内产蛋，可在运动场选择向阳、背风、安静处，铺置柔软的垫草。通常产蛋初期正处于早春季节，种蛋易受低温应激甚至冻裂，所以在此时要勤收种蛋。收集的种蛋应先进行初步筛选，剔除双黄、畸形、破损等不可孵化的蛋，然后存放在专用库房内，要求温度为 11～18 ℃，且维持贮存温度恒定，忌忽高忽低，相对湿度为 70%～80%，贮存时间（从种蛋产出至孵化的时间）以不超过 7 d 为宜，并注意保持库房内的通风良好、清洁、整齐、无灰尘，不得有穿堂风和老鼠等。对于个别脏污的种蛋，可用干布等擦拭，切记在入孵前禁止用水清洗，这时因为水洗后蛋壳胶膜层会被破坏，病原微生物容易进入蛋内，影响蛋的品质，导致其不能孵化。

在产蛋过程中，有的母鹅表现出一定的就巢性（很多鹅种都有此习性），趴孵种蛋，食欲下降，体重亦随之下降，停止产蛋，给生产带来一定的损失。生产中，发现有此迹象时，应及时采取措施，如将其隔离，关在光线充足、通风凉爽的地方，只给饮水不喂料，2～3 d 后可喂给干草粉、糠麸类粗饲料和少量精料，几日后即可醒抱，恢复产蛋；或者将就巢母鹅关在狭小的笼子内，令其站立，不能趴卧，也能起到较好的效果。此外，也可使用市售的"醒抱灵"。

五、饲养密度

在舍内饲养时，应根据种鹅的体型、饲养方式和群体大小等因素来调节舍内及舍外的群体密度。以籽鹅为例：舍内网上饲养密度为 3 只/m²，地面平养密度为 2.5 只/m²；舍外密度约为 1 只/m²。饲养密度不可过大，以满足种鹅饮水、采食和配种的需要，同时还可以保证维持舍内外的卫生。

六、减少应激

在产蛋期，种鹅的免疫力较低，对外界环境的变化也较为敏感，易受惊吓，而影响产蛋和配种甚至造成死亡。所以，产蛋期间必须强化管理，尽量避免各种应激的发生，为鹅提供舒适的生存条件。减少如饲料的突变、转群、突然停电、快速驱赶、猫狗等的惊吓、饲养密度过大、捕捉等应激。此外，种鹅在产蛋期应禁止使用磺胺类药物（磺胺嘧啶、磺胺噻唑、磺胺氯吡嗪、增效磺胺嘧啶等）、抗球虫类药物（氯苯胍、球虫净、克球粉、硝基氯苯酰胺、莫能霉素等）、金霉素和四环素等药物，因为这些药物都有抑制产蛋、配种的副作用，会影响产蛋、孵化以及雏鹅的质量。在种鹅产蛋期间的工作程序一定要科学化、规范化、合理化，饲养人员也应尽量固定。

七、补钙

在产蛋期，种鹅对钙的需要量较大，尤其是在产蛋高峰期容易出现缺钙现象，产下软皮蛋，使种蛋的质量受到影响。因此，可在运动场放置贝壳粉补饲槽，任鹅自由采食。

八、淘汰分群

在产蛋期，如果出现断翅、瘸腿、公鹅掉鞭、母鹅重度脱肛等不可逆转的情况，应立即对其予以淘汰处理；凡产蛋性能不佳或停产早的母鹅也应及时地

将其隔离饲养或淘汰。在产蛋后期，鹅群中有大量的母鹅陆续停产，此时应将停产母鹅与产蛋母鹅及时地分开饲养，采取不同的饲养管理措施。

第五节　休　产　期

在 6 月末，母鹅产蛋量开始明显减少，蛋形变小，畸形增多，羽毛干枯；公鹅性欲下降，配种能力变差，种蛋受精率降低，这表明即将进入休产期。通常鹅群产蛋率下降到 5% 时，就标志着休产期的开始。在休产期应以放牧为主，饲喂青粗日粮，补饲适量的精料和矿物质。在此期间，要多投喂青粗饲料，以降低饲养成本。

一、调群

在进入休产期时，应将伤残、患病、产蛋量低的种鹅淘汰，把体况好、产蛋高峰期持续时间长、所产蛋蛋形正常的母鹅留用，把体况差和患阳痿等疾病的公鹅予以淘汰。按比例补充新的后备种鹅，重新组群，为下一年产蛋做准备。一般来说，种鹅的利用年限是 3～4 年，此外还可根据体况、种用价值等具体情况而定，优良种鹅的利用年限可适当延长。为了使公母鹅能在下一次产蛋时具有良好的体况，保证较高的生产性能，并且便于管理，要将整群后的公母鹅分群饲养。

在这里有一点需要注意的是，很多养殖场（户）采取种鹅当年清，然后再选留或购买当年鹅留种的做法不可取。因为通常来说种鹅生产性能最好的年份是在第二年和第三年，这样做，使种鹅的生产性能不能得到很好的发挥，且会造成种鹅遗传素质的下降，而影响养鹅生产的经济效益。

二、强制换羽

在进入休产期时，种鹅的羽毛就开始脱落。在自然条件下，从开始脱落到新羽长齐需要较长的时间，且每只鹅的换羽时间又有快有慢、有前有后。因此，正常情况下整个群体的换羽时间会较长。为缩短群体的换羽时间，便于饲养管理，可进行人工强制换羽。人工强制换羽就是通过改变饲养管理条件，促使其在尽量短的时间完成换羽。具体做法：停料 2～3 d，只供给少量的青粗饲料和充足的饮水，第四天开始喂给由青料加糠麸、糟渣组成的饲料，在第十天试拔主翼羽和副翼羽，如羽根干枯、不费劲，可逐根拔除，否则再等 3~5 d 后再拔，最后拔掉主尾羽。

三、营养供给

在休产期，应以放牧为主、补饲为辅，并将产蛋期的精料型日粮，改为青粗型日粮，降低饲养成本。参考补饲配方：玉米 69.4%，豆粕 20%，石粉 5%，磷酸氢钙 3%，盐 0.6%，预混料 2%。

四、人工拔羽

在休产期，可人工活拔羽绒 2~3 次，以增加经济收入。拔羽后的 1 周内，不能让鹅下水洗浴，并防雨淋和烈日暴晒等应激，避免因细菌感染而引起毛囊发炎。

第七章
籽鹅羽绒的分类与采集

在禽类的羽绒中，鹅的羽绒仅次于野生的天鹅绒，其品质优良，绒朵结构好，富有弹性、蓬松、轻便、柔软，吸水性小，且保暖、耐磨，经加工后是服装及被褥的高级填充原料；刀翎、窝翎、大花毛等也是制作体育用品和工艺美术品等不可或缺的优质原料。

第一节　鹅羽绒的分类

一般来说，鹅羽绒主要有按羽绒的形状、结构和商业需求2种分类方法。

一、按羽绒的形状和结构分类

按羽绒的形状和结构分类，把鹅体上的羽绒分为4种主要类型：正羽、绒羽、纤羽和半绒羽。

（一）正羽

正羽又称被羽（图7-1），是覆盖鹅体表绝大部分的羽毛，如翼羽、尾羽以及覆盖头、颈、躯干各部分的羽毛，正羽由羽轴和羽片两部分组成，羽片是由上行性羽小枝与下行性羽小枝互相勾连而形成的膜状羽片，如果小钩脱开，就像拉链那样很容易恢复交织状态。

（二）绒羽

绒羽又称绒毛（图7-2），包括新生雏的初生羽和成鹅的绒羽。绒羽被正

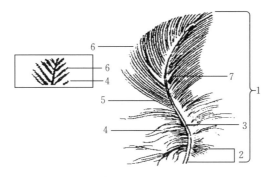

图7-1 正 羽

1. 正羽 2. 羽根 3. 羽茎 4. 羽片 5. 羽枝 6. 绒丝 7. 羽小枝

羽所覆盖，密生于鹅皮肤表面，外表看不见，绒羽只有短而细的羽基，柔软蓬松的羽枝直接从羽根发出，呈放射状，绒羽有羽小枝，但枝上缺小钩。绒羽起保温作用，主要分布在鹅体胸、腹和背部，是羽毛中价值最高部分。

图7-2 绒 羽

（三）纤羽

纤羽又称毛羽（图7-3），分布于身体各部，羽毛长短不一，细小如毛发状，比绒羽还细小，羽基长，只有羽基顶端才有少而短的羽枝。保温性能差，利用价值低。

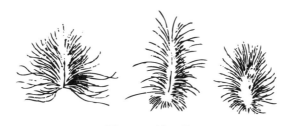

图7-3 纤 羽

（四）半绒羽

半绒羽又称绒型羽，是介于正羽和绒羽之间的一种羽绒，上部是羽片，下

93

部是绒羽，大多数处于正羽下面，绒羽较稀少。

二、按商业需求分类

按商业需求划分，羽绒分为毛片和绒子。毛片的羽干上部为羽面，下部为羽丝。绒子没有羽干，有一绒核，放射出绒丝呈朵状，又称绒朵。

第二节　羽绒生长发育的影响因素

1. 营养条件　从羽绒的成分看，89%～97%由蛋白质组成，构成羽绒的蛋白质主要是角质蛋白，能够合成角质蛋白的主要有含硫氨基酸，即胱氨酸和蛋氨酸。由于羽绒的生长发育是随着整个机体的生长发育和新陈代谢进行的，所以在给鹅配制日粮时不仅要考虑羽绒的营养需要，还要考虑整个机体的营养需要。

2. 气候条件　冬季鹅的羽绒数量较多，绒层较厚，合绒量高，质量好。夏季则既少又差，甚至会自动掉毛。

3. 饲养管理　在水、草、料丰盛时，鹅体生长发育正常，羽绒数量多、质量好，富有光泽。要注意做好鹅舍环境卫生，经常让鹅下水，防止草屑、灰沙、粪便污染羽绒。

第三节　羽绒的采集

用科学的方法采集羽绒，是提高羽绒产量、质量和使用价值，获得较高经济效益的关键。采集羽绒时如果按照羽绒结构分类及其用途分别采集，才能各尽其用。目前我国采集羽绒有两种方法：一是宰杀取毛法，二是活体拔毛法。

一、宰杀取毛法

宰杀取毛法，就是将鹅体宰杀后一次性取毛法。近年来，人们为了提高羽绒质量，对此法进行了创新和改造，形成水烫、蒸拔和干拔三种采集方法。

（一）水烫法

宰杀放血沥干后，放入 65～70 ℃的热水中浸烫 2～3 min 后，羽毛容易拔下。但鹅毛经热水浸烫后，弹性降低，蓬松度减弱，色泽暗淡，绒朵往往分散在水中，不同毛色常混杂在一起等。水烫法取毛依靠日晒变干，如果遇上阴雨天，鹅毛易结块，发霉变质。

（二）蒸拔法

在大铁锅内放水加温使水沸腾，在水面 10 cm 以上放蒸笼，把宰杀沥血后的鹅体放在蒸笼上，盖上锅盖继续加温 1～2 min；拿出鹅体先拔两翼大毛，后拔全身正羽，最后拔取绒羽；拔完后再按水烫法，清除体表的毛茬。

使用这种方法应该注意的是：①往蒸笼上放鹅体时要平放，不能重叠，使蒸汽畅通无阻地到达每只鹅的每一个部位。②鹅体不能紧靠锅边，防止烤燃羽绒。③要严格掌握蒸汽的火候和时间，严防蒸熟肌体。

这种方法能按羽绒结构及用途分别采集和整理，也能使不同颜色的羽绒分开，更重要的是提高羽绒的利用率和价值。但该方法比较费工，尤其是拔完羽绒后，屠体表面的毛茬难以处理干净。

（三）干拔法

将宰杀沥血后的个体鹅，在屠体还有余热时，采用活拔羽绒的操作手法拔取羽绒后，按水烫法或石蜡煺毛法将屠体剩余的毛茬等烫煺干净。

二、采集羽绒鹅的选择要求

采集羽绒，是根据鹅具有自然换羽和羽绒再生能力的生物学特性，人工采集活鹅的羽绒。此项技术方法简单、易于操作，改变了只在宰杀后拔一次羽绒的传统习惯，不经过热水浸烫和干燥两道工序，就可增产 1～3 倍结构完整、蓬松度好的优质羽绒，大大地提高了养鹅生产的经济效益。因此，在我国采集羽绒技术被称为“羽绒生产上的一次重大革命”。

在生产中，采集羽绒应做到不影响鹅的生长发育、产蛋、配种，这是最基本的前提，并且能够与当地的气候条件等实际情况相结合。另外，近年来国内外市场上的羽绒制品，面料大都为薄型、淡色，对填充羽绒的质量要求也越来越高，所以白色羽绒在市场上较为畅销，相对而言价格也略贵些。因此，采集羽绒最好选择白色的鹅种。基于以上要求，可用于采集羽绒的鹅包括：上市前的肉用仔鹅，在不影响其胴体和出售时羽绒质量的情况下，可以采集羽绒 1

次；用于肥肝生产的鹅，在填饲前可以采集 1 次羽绒；后备期种鹅，在 90～100 日龄羽绒长齐时可进行第一次采集羽绒，在开产前 50～60 d 可进行第二次；进入休产期的种鹅，此时采集羽绒对于种鹅来说，还可起到强制换羽和促进新陈代谢的作用；淘汰的种鹅，可在采集羽绒 1～2 次后再育肥上市。不能采集羽绒的鹅有：雏鹅、中鹅，由于其羽毛尚未长齐，不能采集；体弱多病或营养不良的鹅，采到的羽毛常会带有肌肉、皮肤的微块，会影响到羽绒的质量，加之采羽的刺激会加重病情，易引起感染，严重者甚至造成死亡；处于配种（产蛋）期的公母鹅不能采集，否则会严重影响配种（产蛋）；正在换羽的鹅，血管毛较多，且含绒量少，采集时极易拉破皮肤，造成羽绒质量和胴体质量均较差；整只出口的肉鹅不宜进行采集羽绒，因采毛后可能损伤皮肤，易在胴体上留下瘢痕，影响外观品质；饲养五年以上的鹅不宜采集羽绒，因其新陈代谢能力弱，体质较差，羽绒再生能力也较差。

三、采集羽绒的操作

（一）准备工作

最好选择在晴朗的天气进行，不能在低温或阴雨天气采。为能够使采集羽绒工作顺利进行，提高工作效率和保证羽绒质量，在采羽之前应充分做好各项准备工作。

1. 人员准备　要求操作人员必须熟练掌握采集羽绒的操作技术，以减轻鹅的应激反应，并保证采集羽绒的质量。

2. 鹅只准备

（1）抽样检查　在采集羽绒前，应对鹅群进行抽样检查，如果鹅的绝大部分羽绒根无血管，表明可采集羽绒。

（2）停食停水　采集羽绒的前一天要停止喂食，只供饮水，防止第二天采集羽绒时羽绒被粪便污染。在采集羽绒当天也应停水，使鹅周身的羽绒保持干燥、洁净。

（3）洗澡　对羽毛不清洁的鹅，在采毛的前一天要让其洗澡，以便洗去羽绒中的泥沙、粪便等脏物。

（4）灌酒　对初次进行采集羽绒的鹅，在拔毛前 10 min，每只灌服 10～15 mL 白酒（具体剂量依鹅体重大小而定），以使其毛囊扩张、皮肤松弛，易采且减轻鹅的痛苦。

3. 其他

（1）操作场地　最好是在室内进行。如果是在室外，则要求地面平坦、干净，并在地面铺上1层干净的塑料布，以避免羽绒受到污染。

（2）盛装羽绒的容器　要求盛放羽绒的容器光滑、清洁、不勾毛、带毛、不污染羽绒，可以用硬纸箱或塑料桶及塑料袋。

（3）药品和器具　如操作人员坐的凳子，称量用的秤，消毒用的碘酒和药棉等。有条件的可给工作人员配备专用衣裤、帽子和口罩。

（二）采集羽绒的操作

1. 采集羽绒的部位　因为采集的鹅羽绒主要用作羽绒服装或卧具的填充，需要的是含"绒朵"量高的羽绒和一部分长度在6 cm以下的"片绒"，所以采羽绒的部位应集中在胸部、腹部、体侧面，绒毛少的肩、背、颈处少采，绒毛极少的脚和翅膀处不采，鹅翅膀上的大羽和尾部的大尾羽原则上不采。此外，小腿和肛门部位虽然有绒羽，但为了保持体温，加之操作时易对鹅只造成较大伤害，故也不能采集。

2. 采集羽绒的方法

（1）保定　保定鹅只要根据操作人员的方便和习惯而定，一方面要做到稳固鹅体，另一方面也要做到使操作者工作方便。这里介绍生产中常用的适于单人操作的双腿保定法：操作者坐在25 cm左右高的凳子上，两腿夹住鹅的身体，一只手握住鹅的双翅和头，另一只手采集羽绒。

（2）采羽的方向　一般来说，顺毛采及逆毛采均可，但以顺采为主。因为鹅的毛绝大部分是倾斜生长的，顺毛方向采不会损伤毛囊组织，并有利于羽绒的再生。

（3）采羽的顺序　先由胸到腹部，然后依次是两肋、颈、背等部位。注意，副翼羽不能拔。

（4）采羽的手法　以拇指、食指和中指，紧贴皮肤，捏住羽毛和羽绒的基部，每次3~4片，宁少勿多，用力均匀、快速。切不可垂直或胡乱采集，以防撕裂皮肤，影响羽绒的品质。采集鹅翅膀的大翎毛的方法：用钳子夹住翎毛根部，注意不要损伤羽面，用力要适当，力求一次成功。一般来说，初次采集羽绒的鹅，毛孔较紧，比较费劲，以后再采毛孔就松动好拔了。

（三）药物辅助脱毛

由于传统的人工采集羽绒法耗费工时，且易损伤鹅的皮肤，对鹅体造成伤害。因此，20 世纪 80 年代中期一些商家就开始推广药物脱毛技术，即使用复方环磷酰胺片剂，其进入体内后经过肝微粒体的氧化酶作用，生成有活性的代谢物及其衍生物，再经血液流经皮肤，抑制毛囊和毛根细胞的正常代谢过程，使细胞发生暂时性、可逆性营养不良，生长的毛根逐渐变细而易于脱落。服药 48 h 后，排出 99% 以上，肉中无残留，肝、肾、脾、膀胱只有微量残留，对鹅无害。因此，一些生产者就用药物脱毛来辅助人工采集羽绒，以提高工作效率。具体操作如下：采集羽绒前 13～15 d，选健康、羽绒丰满的鹅，按每千克体重 45～50 mg 口服给药。投药时，掰开鹅嘴，把药片塞入舌根部，用安有细胶管的注射器抽取 20～30 mL 温水，注入鹅口中送服，服药后让鹅多饮水。服药后 1～2 d 鹅的食欲减退，个别鹅排绿色稀薄的粪便，持续 1～2 d 后即可恢复正常。一般在服药 13～15 d 后活拔羽绒。如过早，则不易拔掉；过晚，羽绒又会自然脱落，损失毛绒，影响产量。

四、易出现的问题及处理

（一）毛片难采

遇到这种情况时，对能避开的毛片，可不采，只拔绒朵，当毛片不好避开时，可将其剪断。剪毛片时，用剪尖在毛片根部接近皮肤处剪断，注意不要伤及皮肤和剪断绒朵。

（二）脱肛

采集羽绒时，个别鹅可能会出现脱肛现象。一般不需任何处理，过 1～2 d 即可恢复正常。严重者可用 0.1% 的高锰酸钾溶液（38 ℃）冲洗肛门，再人工按摩推入，使其尽快恢复原状。

（三）皮伤

在采集羽绒的过程中，如果出血或小范围皮伤，用碘伏涂抹一下即可。如果伤口较大，则需要手术缝合，并服用一定的药物，在舍内饲养一段时间后，再放出舍外活动或放牧。如果遇到少许的毛绒根部带血肉，则要求操作时动作要轻缓些，每次采毛的根数要少，要轻稳且有耐心地采。如果遇到大部分毛绒都带有肉质，这表明鹅的营养不良，应停止采集羽绒，待喂养一段时间后再采。

五、采集羽绒后的饲养管理

采集羽绒对鹅来说是一个比较大的应激，鹅的精神状态和生理机能均会因此而发生一定的变化。一般表现为精神委顿、活动减少、喜站不愿卧、走路摇晃、胆小怕人、翅膀下垂、食欲减退，个别鹅只可能表现得更为敏感一些。因此，为使鹅能够尽早康复，应加强采集羽绒后的饲养管理。

（一）供给充足的营养

采集羽绒与正常的自然换羽相比，有着很大的区别。在采集羽绒后，鹅体不仅需要维持体温和各组织、器官正常生理活动的营养物质，而且还要有足够的营养成分来保障羽绒的再次生长发育，所以一定要加强营养供给。参考配方：玉米 33%，麦麸 30%，稻糠 13%，豆饼 15%，鱼粉 5%，羽毛粉 3%，微量元素 0.5%，食盐 0.5%，每日喂 150～200 g，同时供给一定的青绿饲料。7 d 以后可逐渐减少精料，增加粗料，给足青绿饲料。

（二）创造适宜的舍内外环境

采集羽绒后 3 d 内，应将鹅放在舍内，让其在舍内活动、饮水和采食。舍内应保暖、幽暗、无风，地面平坦、干燥、清洁，最好能够铺置干净柔软的垫草。同时，还要避免鹅被蚊虫叮咬，注意防止受凉感冒。

（三）防止烈日照射和过早下水

因鹅采集羽绒后皮肤裸露，毛囊开张，故 3 d 内不能在强烈阳光下放养，7 d 内不要让鹅下水和雨淋，以免毛囊发炎感染。拔羽 7 d 后，因鹅的皮肤毛孔已经闭合，可让鹅下水洗浴，以促进羽毛的生长。

（四）分群

按照公、母以及体质强弱、数量等具体情况把鹅群分群管理，以保证羽绒

尽快长好。

六、羽绒的保存

通常来讲，采集的鹅羽绒宜直接出售。但是，采下的羽绒若不能马上出售时，则必须进行妥善处理（必要时可进行消毒）。待羽绒干透后用干净不漏气的塑料袋包装，外面套以编织塑料袋，并用绳子分层捆紧，装包，放在干燥、通风的室内存放。要求存放的库房不漏雨且通风良好、干燥。为防止虫蛀，可在包装袋上撒上杀虫药，并在每年夏季每月库房内用杀虫药剂熏蒸1次。贮存过程中要经常检查，保持环境清洁，注意防潮、防霉、防蛀，以保证羽绒质量。如果储存不当，鹅羽绒就会结块、虫蛀、发热霉变，影响质量，降低售价。

七、采集羽绒的周期和时间

（一）周期

采集羽绒后的鹅，在正常饲养管理的条件下，第4天腹部露白，第10天腹部长绒，第20天背部长绒，第25天腹部绒毛长齐，第30天背部毛绒长齐，第35～40天绒毛全部复原，第50天时全身布满丰厚的羽毛，所以采集羽绒的周期约为50 d。只有经过充足的间隔时间，鹅的羽绒才能生长成熟，质量好，产量也高。一般来说，后备期和休产期的种鹅可进行1～2次采集羽绒。但最后一次采集羽绒的时间与开产、配种时间的间隔至少要在50 d以上，以便补充营养，使其恢复体力、羽毛长齐而不致影响其正常生产性能的发挥。

（二）时间

因冬季寒冷，鹅体的抵抗力也较弱，采集羽绒易使鹅患病，甚至造成死亡，所以采集羽绒多在夏秋季进行。

第八章
籽鹅疾病防控

第一节　综合防治措施

一、加强饲养管理

（一）提供营养科学的日粮

根据鹅的品种、大小、强弱不同，分群饲养，按其不同生长阶段的营养需要，供给相应的全价饲料，以保证鹅的营养需要；同时，还要供给足够的清洁饮水，提高鹅群的健康水平，这样才能有效地防御多种疾病的发生，尤其是防止营养代谢性疾病的发生。

（二）创造良好生活环境

按照鹅群在不同生长阶段的生理特点和生产需求，合理调控舍内温度、湿度、光照强度、通风和饲养密度，垫料经常性地更换，用具经常清洗和消毒，及时清理粪便在固定地点进行堆积发酵处理，消除可能产生应激反应的各种因素。

（三）做好日常观察工作

每日观察记录鹅群的采食、饮水、粪便、精神、活动、呼吸等基本情况，统计发病和死亡情况，对鹅病做到"早发现、早诊断、早治疗"，减少经济损失。

二、做好卫生消毒

（一）把好引种关

应从没有疫情的地区引种。购入种鹅后先进行隔离一段时间观察，确认无病后才能转入常规饲养，防止其带入病原。

（二）及时发现、隔离和淘汰病鹅

经常性地观察鹅群，及时发现有精神不振、行动迟缓、羽毛凌乱、翅膀下垂、闭眼缩颈、食欲不佳、粪便异常、呼吸困难、咳嗽等症状的病鹅，及时将其隔离或淘汰，并查明原因，迅速对症处理，不得马虎。

（三）做好消毒工作

定期更换场区大门口消毒池内和每个舍门口消毒池内的消毒液。定期对场区进行消毒。同时还要做到专人、专舍、专用工具饲养。

（四）严防禽兽串舍

严防野兽、飞鸟、鼠、猫、狗等串入鹅舍，定期灭鼠，防止惊群和传播病菌。

三、实施免疫计划

免疫是指给鹅接种疫苗，以增强鹅对病原的抗病力，从而避免某些疫病的发生和流行。种鹅接种后产生的抗体，还可通过受精蛋传递给雏鹅，提供母源抗体。

四、利用药物防治

合理使用药物防治鹅病，是做好综合防治措施的重要环节之一。应本着高效、方便、经济的原则，通过饲料、饮水或其他途径有针对性地对鹅使用一些药物，以有效防止各种疾病的发生和蔓延。如在饲料中添加维生素、微量元素和氨基酸等，可起到弥补饲料养分不足和防治疾病等作用。许多抗菌药物不但可以杀灭病菌，还有促进鹅生长、改善饲料利用率的作用，如土霉素、金霉素、喹乙醇和抗菌肽锌等，可作为生长促进剂使用。为防止鹅寄生虫感染，可使用驱虫净、氯苯胍等抗寄生虫药物。此外，为防止饲料发霉变质可加入丙酸钙等防霉剂。为防止饲料养分的氧化分解，可添加乙氧基喹啉、丁基化羟基甲苯等抗氧化剂。

需要注意的是，长期对鹅使用某一种化学药物防治疾病，易在鹅体内产生耐药菌株，从而使药物失效或达不到预期效果。因此，需要经常进行药敏试验，选择高效敏感化学药物进行防治。

五、及时发现、扑灭疫情

(一) 随时观察鹅群

只有随时观察鹅群动态，才能做到对鹅群的疫情早发现、早确诊、早处理，控制疫病的传播和流行。因此，饲养员要随时注意饲料、饮水消耗、排粪和产蛋等情况，若有异常，要迅速查明原因。发现可疑传染性病鹅时，应尽快确诊，隔离病鹅，封锁鹅舍，在小范围内采取扑灭措施，对健康鹅紧急接种疫苗或进行药物防治。

(二) 严禁出售转运

疫情发生时，严禁将病死鹅出售、转运或食用，严格隔离病鹅群。病死鹅必须焚烧或深埋等无害化处理，重症鹅应做淘汰处理。病鹅舍和病鹅用过的饲养用具、车辆、接触病鹅的人员、衣物及污染场地必须严格消毒，粪便经彻底消毒或生物热发酵处理后方可利用。处理完毕后，经半个月如无新的病例出现，再进行终末彻底消毒，才能解除封锁。

第二节　常见病防治

一、小鹅瘟

该病是由细小病毒引起的一种烈性、败血性传染病。3～4 日龄至 1 月龄以内的雏鹅均易发生，20 日龄以上的雏鹅很少发病。日龄越小，发病率和死亡率也越高。最高发病率和死亡率出现在 10 日龄以内的雏鹅，可达 95%～100%。雏鹅通常在出现症状之后 12～48 h 即死亡。在疫病流行的后期或是日龄较大的病鹅，症状相对较轻，以食欲不振和腹泻为主，病程较长，可以延长至 1 周以上，少数病鹅可以自然康复。

(一) 症状

7 日龄以内的雏鹅感染后往往呈最急性型，只有半天或 1 d 的病程，有时

不显任何症状即突然死亡。一般雏鹅在感染以后，首先表现精神委顿、缩头、步行艰难，常离群独处，继而食欲废绝，严重腹泻，排出黄白色水样和混有气泡的稀便，喙的基部色泽发绀，鼻液分泌增多，病鹅摇头，口角有液体甩出，嗉囊中有多量气体和液体，有些病鹅临死前可出现神经症状，颈部扭转，全身抽搐或发生瘫痪（彩图 38）。剖检可见病鹅肛门附近常有稀粪黏污，泄殖腔扩张，挤压时流出黄白色或黄绿色稀薄粪便。口腔和鼻腔中有一种棕褐色稀薄液体流出。该病的主要病变在消化道，特别是小肠部分。死于最急性感染的病鹅，十二指肠黏膜充血，呈弥漫红色，表面附着多量黏液。病程在 2 d 以上，10 日龄以上的病鹅在小肠中段和下段，特别是靠近卵黄柄和回盲部的肠段，外观上变得极度膨大（彩图 39），体积比正常的肠段增大 2～3 倍，质地坚实，好像香肠一样（彩图 40）。将膨大部分的肠壁剪开，可见肠壁紧张、变薄、肠腔中充塞着淡黄色的凝固的栓子状物，将肠腔完全堵塞（彩图 41）。栓子很干燥，切面上可见中心是深褐色的干燥肠内容物，外面包裹着厚层的灰白色假膜，是由坏死肠黏膜组织和纤维素性渗出物凝固所形成的，这是小鹅瘟的一个具有特征性的病理变化（但也有部分病鹅的小肠并不形成典型的凝固栓子，肠道的外观也不显著膨大和坚实，整个肠腔中充满黏稠的内容物，肠黏膜充血发红，表现急性卡他性肠炎变化）。病鹅肝脏肿大，呈深紫红色或黄红色，胆囊显著膨大，充满暗绿色胆汁。脾脏和胰腺充血，偶然有灰白色坏死点。

（二）诊断

根据小鹅瘟病毒侵染的对象是 1 月龄以内的雏鹅这一特点，结合有严重腹泻和排出灰白色或黄绿色水样稀粪并有时伴有神经性症状等特点，根据剖检时部分典型病例出现典型的凝固栓子可做出初步诊断。确诊时，需做病毒分离及血清学检测。

（三）防治

各种抗生素和磺胺类药物对此病治疗和预防均无效，因此，必须切实做好预防工作。严禁从疫区购进种蛋、雏鹅及种鹅。种蛋应用福尔马林严格熏蒸消毒，孵化场也必须定期用消毒剂进行消毒。病死的雏鹅应焚烧或深埋，对被污染的场所要彻底消毒，严禁病雏鹅外调或出售。母鹅产蛋前 30 d 内，注射小鹅瘟弱毒疫苗 2 次，2 次间隔约 15 d，每次每只肌内注射 1 mL。未经免疫的种鹅所产蛋孵出的雏鹅，在出壳后 24 h 内，每只皮下注射抗小鹅瘟高免血清 0.3～0.5 mL，其保护率可达 95%；7 日龄时再注射高免血清 0.8～1.0 mL 或小鹅瘟疫苗。已经感染发病的雏鹅，每只肌内注射高免血清 1.2～1.5 mL。

二、鹅副黏病毒病

该病是由副黏病毒引起的，各日龄鹅都可发生。发病最小的仅为 3 日龄，最大可达 300 日龄以上。发病率为 16%～100%，发病鹅日龄越小，发病率和死亡率越高，而且病程短，很少康复。15 日龄以内雏鹅的发病率和死亡率可以达到 100%。随着日龄增长，发病率及死亡率均下降。

（一）症状

该病的主要特点是腹泻。患雏发病初期排灰白色稀便，病情加重后，粪便呈水样，带暗红、黄色、绿色或墨绿色。患雏精神委顿，无力，常蹲地，有的单脚时常提起，少食或拒食，体重迅速减轻，但饮水量增加，行动无力。部分患雏后期表现扭颈、转圈、仰头等神经症状（彩图 42），饮水时更加明显。10 日龄左右病鹅有甩头、咳嗽等症状。日龄较大的存活下来的雏鹅，一般于发病后 6～7 d 开始好转，9～10 d 康复。

剖检可见病变的特点为肠黏膜枣核状坏死（彩图 43）。十二指肠、空肠、回肠、结肠黏膜有散在性或弥漫性大小不一、淡黄色或灰白色的纤维素性结痂；剥离后呈出血面或溃疡面；盲肠扁桃体肿大，明显出血。盲肠、直肠和泄殖腔黏膜均有弥漫性大小不一、淡黄色或灰白色的纤维素性结痂；肝脏肿大、淤血、质地较硬，有数量不等、大小不一的坏死灶。脾脏肿大、淤血、有芝麻大至绿豆大的坏死灶，看上去如同大理石样（彩图 44）；胰腺肿大，有灰白色坏死灶（彩图 45）；脑充血、淤血；心肌变性；食管黏膜，特别是食管下端黏膜有散在性芝麻大小灰白或淡黄色结痂，易剥离，剥离后可见紫斑点或溃疡；部分病鹅的腺胃和肌胃充血、出血。

（二）诊断

根据腹泻、灰白色水样稀便，饮水量增加，扭颈、转圈及肠黏膜枣核状的坏死等症状，可作出初步判断，确诊要进行病毒的分离鉴定和血清学试验。

（三）预防

在产蛋前 2 周对种鹅进行 1 次灭活苗注射，使鹅群在产蛋期均具有免疫力，经免疫种鹅产蛋孵的雏鹅 15～20 日龄进行 1 次灭活苗免疫。无母源抗体的雏鹅，出壳后注射抗鹅副黏病毒病的高免血清，10～15 日龄再进行 1 次灭活苗免疫。对发病鹅群做好隔离工作，首先对健康鹅免疫注射抗鹅副黏病毒病的高免血清，然后再免疫假定健康鹅，同时可适当应用抗生素以避免或减少继发病。发病鹅群必须与健康鸭、鹅群严格分区饲养，不得混养，避免相互传染。严格卫生消毒，对场舍、用具等均用含氯消毒剂进行消毒，杜绝传染源。

三、禽流感

（一）病因

禽流感是流感病毒一种急性高度接触性传染病，被世界动物卫生组织列为 A 类烈性传染病；引起我国禽类发病的主要是 H5 亚型和 H9 亚型。其中，以 H5 N1 型病毒危害性最为严重，一年四季均可发生，但以冬季和春季较为严重，各龄期的鹅都会感染，尤以 1～2 月龄的仔鹅最易感病，以传播快，死亡率高（100％发病死亡）为特征。个别毒株还能引起易感人体发病死亡。H9 亚型禽流感病毒虽属于温和型流感病毒，也能引起易感雏禽 100％发病，10％～50％死亡，鹅群产蛋量严重下降，甚至绝产。

（二）症状

临床典型特点是眼红（又称红眼病）、流泪。初期症状为眼红流泪、减食腹泻，后期精神为沉郁不食，呼吸困难、肿头流涕、眼红加剧甚至眼鼻出血，急性期部分鹅单侧或双侧眼角膜浑浊甚至失明，部分歪头曲颈。雏鹅神经症状明显，表现站立不稳、歪头曲颈、后腿倒地。雏鹅症状明显重于成鹅。剖检时，以充血、出血和水肿为主要特征。脑壳和脑膜严重出血，脑组织充血、出血；胸腺水肿或萎缩出血，胸、腿肌外侧点状出血，结膜和瞬膜充血、水肿、严重出血；角膜浑浊呈灰白色；头部及眼睑皮下充血及胶冻样浸润水肿；鼻窦、喉、气管水肿，充血出血有很多黏液，喉头黏膜不同程度出血，气管黏膜有点状出血（彩图 46）；腺胃及肌胃充血、出血（彩图 47）；心内外膜出血

（彩图 48），胰腺出血（彩图 49）；肝脏肿大淤血，肾脏肿大充血，肾尿酸盐沉积；直肠及泄殖腔黏膜弥散性出血（彩图 50），盲肠出血；雏鹅法氏囊严重出血；产蛋鹅卵泡破裂于腹腔中，卵泡充血变形（彩图 51）。

（三）诊断

依据该病的流行特点，红眼、呼吸困难、肿头流涕，甚至眼鼻出血等典型症状及剖检充血、出血和水肿等病变可作出初步诊断。确诊需进行实验室检查。

（四）预防

禽流感被世界动物卫生组织列为 A 类烈性传染病，一旦发现可疑病例，应立即向上级兽医行政部门汇报病情，以便及时采取有效措施，包括隔离、封锁、扑杀、消毒等，防止疫情进一步扩散。在饲养管理上应采取综合性防治措施，将病原拒于鹅群之外。主要措施包括：保证全进全出的饲养制度，不同品种的家禽绝不能在同场地饲养；一定要到健康无病原感染的种禽场购进雏鹅；要有供本场鹅群专用的水塘和运动场，水塘、运动场、鹅舍要定期消毒，保证清洁卫生；接种禽流感油乳剂灭活疫苗，包括单价和多价疫苗，对预防和控制禽流感的感染有很好的保护作用。40～45 日龄进行 1 次免疫（如果没有母源抗体，免疫时间适当提前），开产前做第 2 次免疫，对种鹅每 3～6 个月再接种1 次。正在产蛋的种鹅，接种疫苗对产蛋会有短期的不良影响，最好避开产蛋的高峰期接种。

四、曲霉菌病

该病是禽类一种常见霉菌病，主要是由曲霉菌属中的烟曲霉菌引起。此外，黄曲霉菌等也有不同程度的致病力。雏鹅敏感，常呈急性暴发，成年鹅个别发生。

（一）诊断

根据肺、气管和胸腹腔黏膜有针尖至大米粒大的霉菌结节，或呈团块、呈干酪样。严重的肉眼可见成团的曲霉斑，根据这一特征可作出初步诊断。确诊需进行实验室检查。

（二）症状

该病雏鹅发病率较高，主要侵袭呼吸系统，表现呼吸困难，张口呼吸，颈部气囊明显胀大。眼鼻流液，有甩鼻涕现象，闭眼无神，食欲减少或消失，饮欲增加，迅速消瘦，有些雏鹅发生曲霉菌性眼炎，眼睑黏合，分泌物增多，使眼睑鼓凸。发病后期，出现下痢，吞咽困难。部分雏鹅脑内感染曲霉菌，毒素刺激可出现神经症状。剖检时，主要病变在肺和气囊，有时也发生鼻腔、喉、气管炎症。颈部皮下、肺、气管和胸腹腔黏膜有一种针尖至大米粒大的霉菌结节，灰白或浅黄色，有时融合成团块，柔软有弹性，内容物呈干酪样；在肺、胸腔或腹腔、气管上用肉眼可见成团的曲霉斑。

（三）防治

不使用发霉垫料和不喂发霉饲料，是预防该病的关键措施。饲料要存放在干燥、通风的地方，特别是在阴雨天气，尤其应注意防止垫料和饲料发霉变质。垫料经常更换，一旦出现发霉时不得使用，并且将地面用甲醛熏蒸消毒。育雏舍被污染后，必须进行彻底清扫、消毒。饲槽、饮水器应在清洗消毒后方能使用。

该病的治疗无特效药物，但通过以下方法有一定的疗效。

（1）制霉菌素　每只雏鹅日用量 3～5 mg，拌料喂给，连用 3 d，停药 2 d，再用 2～3 个疗程有一定效果，既可预防，又可治疗。

（2）硫酸铜溶液　浓度 1∶3 000，作为饮水，连用 3～5 d。

（3）在饮水中添加一定量的多种维生素或 0.1% 的维生素 C，对康复有一定作用。

五、鹅流行性感冒

该病是由志贺氏杆菌引起的一种急性、渗出性败血性传染病。该病仅感染鹅，尤以 1 月龄以内的雏鹅最易感染，常发生在春季。

（一）诊断

根据流鼻液、甩黏液，呼吸困难，急促，常伴有鼾声，喉头、鼻窦、气管、支气管内有明显的纤维薄膜增生，并常伴有黄色半透明的黏液等症状可对该病作出初步诊断。确诊需进行病菌的分离鉴定。

（二）症状

该病的特征是流鼻液、呼吸困难及摇头，潜伏期短，几小时即出现症状。食欲不振，精神委顿，羽毛蓬乱，缩颈闭目、怕冷、常挤成一堆。从鼻孔中不断流清水，有时亦有泪水，呼吸困难，急促，常伴有鼾声，张口呼吸。患鹅频频强力摇头，常把颈部向后弯，把鼻腔黏液甩出去，并在身躯前部两侧羽毛上揩擦鼻液，使雏鹅羽毛脏、湿。重者出现下痢，脚麻痹，不能站立，无力蹲在地上。剖检可见喉头、鼻窦、气管、支气管内有明显的纤维薄膜增生，常伴有黄色半透明的黏液，肺淤血心内外膜出血或淤血，浆液性、纤维素性心包炎。肠黏膜充血，肝、脾、肾淤血或肿大。肝、脾、肾等有灰黄色坏死点。

（三）预防

该病病程短，治疗效果不理想，主要应加强预防工作。在饲养管理过程中，重点要抓好保温、防潮工作。1～5 日龄要求环境温度 30～28 ℃，以后逐渐降温，每 5～7 d 降 2 ℃为宜，直至脱温。喂给营养充足的全价配合饲料。

（四）治疗

（1）复方敌菌净　每千克体重 30 mg 内服，2 次/d，连用 3 d。

（2）20％磺胺嘧啶钠注射液　每只鹅首次肌内注射 2 mL，而后每日 3 次，每次 1 mL，连用 3 d。

（3）青霉素　每只鹅 20 000 U 肌内注射，连用 3 d。

六、新型病毒性肠炎

该病主要引起 3～30 日龄雏鹅的发病和死亡，死亡高峰集中在 10～18 日龄，死亡率 15％～25％，最高可达 100％，30 日龄后基本不死亡。

（一）诊断

根据嗜睡、腹泻、呼吸困难、喙端触地、昏睡而死及剖检症状即可做出初步诊断，确诊要进行病毒的分离鉴定和血清学试验。该病症状与小鹅瘟很相似，应注意鉴别诊断。

（二）症状

临床典型症状为昏睡、腹泻、喙端色暗。一般分为最急性、急性、慢性三型。最急性型常见于 3～7 日龄，常常无前期症状，一旦出现症状即极度衰竭，昏睡而死或死前倒地乱划，迅速死亡，病程几小时至 1 d；急性型多于 8～15 日龄发病，主要表现为嗜睡、腹泻、呼吸困难、喙端触地、昏睡而死，病程 3～5 d；慢性型 15 日龄后多发病，表现为精神不振、间歇性腹泻、消瘦，衰竭死亡，幸存者发育不良。最急性型病例剖检主要可见肠黏膜严重出血；急性型可见尸体脱水、心肌松弛、小肠段出现纤维素性坏死性肠炎的"香肠样"病理变化，触之坚实（与小鹅瘟极其相似），最长达 10 cm 以上。皮下充血、出血；胸肌、腿肌出血呈暗红色，胆囊肿胀，肝肾淤血呈暗红色。

（三）防治

加强饲养管理，不从疫区引进鹅种；在种鹅开产前使用新型病毒性肠炎-小鹅瘟二联弱毒疫苗进行 2 次免疫接种，3～4 个月内能使后代雏鹅获得母源抗体的保护，不发生雏鹅新型病毒性肠炎和小鹅瘟，这是目前预防雏鹅新型病毒性肠炎最有效的方法。来源于种鹅未进行新型病毒肠炎弱毒苗免疫的雏鹅，应在 1 日龄内，用雏鹅新型病毒性肠炎弱毒疫苗进行免疫接种；或用雏鹅新型病毒性肠炎高免血清皮下注射 0.5 mL，也可有效预防该病的发生。对发病的雏鹅，应用雏鹅新型病毒性肠炎高免血清皮下注射 1.0～1.5 mL 并配合使用抗生素，有较好的疗效。

七、禽副伤寒

（一）病因

该病是由沙门氏杆菌属中的鼠伤寒沙门氏菌、肠炎沙门氏菌引起的急性或慢性传染病。对雏鹅危害较大，尤以 3 周龄以下的幼鹅最为易感，死亡率较高，表现腹泻，结膜炎和消瘦等症状，成年鹅呈慢性或隐性感染。

（二）症状

急性病例常发生在孵出后数天内，往往不见症状就死亡，这种情况多是由卵内传递或雏鹅在孵化器内接触感染。1~3 周龄雏鹅易感性高，表现为精神不振，食欲减退或废绝，口渴、喘气、呆立、头下垂，眼闭、眼睑水肿，两翅下垂。雏鹅排出粥状或水样稀便，当肛门周围被粪便污染干涸后，则堵塞肛门，排便困难。结膜发炎，鼻流浆液性分泌物，羽毛松乱，关节肿胀，出现跛行，驱赶时走路蹒跚，共济失调。经 1~2 d，体温升高 42 ℃以上。后期出现神经症状，摇头角弓反张，全身痉挛，抽搐而死。病程 2~5 d。

急性病例一般无明显的病理变化，病程较长时，肝脏肿大，充血，呈古铜色，有黄色斑点和细小的坏死灶，胆囊肿大并充满大量胆汁，肠黏膜充血，呈卡他性肠炎，有点状或块状出血。脾脏肿大呈暗红色，伴有出血条纹或小点坏死灶。心包内积有浆液性纤维素渗出物，盲肠内有干酪样物质形成栓塞。慢性病例肠黏膜坏死，带菌鹅可见到卵巢和输卵管变形和发炎，有的发生腹膜炎，角膜混浊。

（三）诊断

根据主要发生于 20 日龄以下的雏鹅排出粥状或水样稀便，当肛门周围被粪便污染甚至堵塞等症状可作出初步诊断。确诊要进行病原菌的分离鉴定。

（四）防治

防止种蛋污染，保持产蛋箱内清洁卫生，经常更换垫料。每天定时捡蛋，做到箱内不存蛋。每天的种蛋及时分类，消毒后入库。蛋库的温度为 12 ℃，相对湿度 75％。做到经常性消毒，保持蛋库清洁卫生。种蛋入孵前再进行 1 次消毒。孵化器和孵化室做到经常消毒，出入孵化室做到更衣、换鞋，闲人不得入内。防止雏鹅感染，接送雏鹅的用具、筐箱、车辆等要严格消毒。育雏舍在进雏前，对地面、空间、垫料要彻底消毒，雏鹅的饲料和饮水中适当添加抗生素药物。注意雏鹅阶段的饲养管理，育雏舍要铺干燥清洁的垫草，要有足量的饮水器和料槽，密度不得过大，注意通风。雏鹅不要与种鹅或育肥鹅同栏饲养。

（五）药物治疗

（1）环丙沙星　按饲料 0.02％的比例均匀混于饲料内喂给，连用 3 d；或按 0.01％溶于饮水中，连饮 3 d。

（2）土霉素　按 0.1% 或强力霉素按 0.02% 混于饲料中，连喂 3 d。

（3）卡那霉素　肌内注射，每只每日 2.5 mg，分 2 次注射，连注 3～5 d。

八、鹅口疮

（一）病因

该病由白色念珠菌所致，侵染鹅上消化道的一种霉菌病。主要发生于 2 月龄以内的雏鹅和中鹅。该病可通过消化道传染，也能通过蛋壳传染。

（二）症状

病鹅主要表现生长不良，精神委顿，羽毛粗乱，口腔黏膜上有乳白色或淡黄色斑点，并逐渐融合成大片白色纤维状假膜或干酪样假膜，故称鹅口疮，这种伪膜发生于嗉囊者更为多见。口腔黏膜有乳白色假膜，嗉囊增厚呈灰白色，有的有溃疡，表面为黄白色假膜覆盖，少数病例食管中也能见到相同病变。

（三）诊断

根据口腔和食管、嗉囊的特殊病变，可初步做出诊断；进一步确诊可采取组织抹片、革兰氏染色、显微镜检查即可确诊。

（四）防治

做好鹅舍及环境清洁卫生，保持干燥通风。大群治疗可用制霉菌素每千克体重 50～100 mg，混入饲料中拌匀，连喂 7～21 d；口腔黏膜溃疡涂碘甘油；嗉囊中灌入 20% 硼酸；饮用 0.05% 硫酸铜溶液。鹅种蛋要严格消毒。

九、大肠杆菌病

该病是由埃希氏大肠杆菌所引起的一种传染病，在环境卫生条件不良时易发，是一种常见病和多发病。生产中，可见肠炎型、关节炎型、卵黄性腹膜炎型、阴茎结节型、输卵管炎型和种蛋感染型等各种类型。

（一）诊断

根据临床症状，结合饲养管理条件，可作出初步诊断。必要时，需进行病原菌的分离鉴定进行确诊。

（二）预防

该病的发生与环境密切相关，因此，要加强饲养管理，保证鹅有良好的体况，使之对该病有一定的抵抗力。重视种蛋、孵化室和孵化器的熏蒸消毒工作。做好舍内外环境卫生，保证鹅舍通风良好，勤换垫料，定期消毒，消除发病因素。应用常见的致病性大肠杆菌血清型菌株制成多价大肠杆菌灭活疫苗给鹅进行免疫接种，可获得一定效果。

（三）治疗

环丙沙星或恩诺沙星，混入饲料中 200 mg/kg，混入饮水中 100 mg/kg，连用 3 d。重症者可注射卡那霉素每千克体重 30～40 mg，每天 2 次，连用 3 d。

十、葡萄球菌病

该病是由金黄色葡萄球菌引起的一种急性或慢性传染病。幼雏感染发病后，常呈急性败血症经过，发病率高，死亡严重。中鹅感染发病后，经常引起关节炎，病程较长。生产中可见脐炎型、皮肤型、关节炎型、内脏型等各种类型。

（一）诊断

根据该病的流行病学、临床症状和剖检变化，可作出初步诊断。如需确诊，需要取病死鹅心血、肝、脾或关节炎为原料，分离出致病性金黄色葡萄球菌，根据细菌形态、染色特性和几种特征性的生化特性，即可确诊。

（二）预防

加强饲养管理，保持舍内清洁卫生、通风良好、光照合理。从种鹅产蛋环境开始做好各个环节的清洁卫生消毒工作，防止异物刺伤或接种疫苗时刺伤皮肤。种公鹅应断爪，运动场内要清除铁钉、铁丝、破碎玻璃等尖锐异物及细丝线、棉线等，防止鹅掌被刺破或鹅腿被缠绕受损伤而感染。接种疫苗时，应选用适当孔径的注射针头，减少损伤面，同时要做好局部消毒工作。加强孵化室及其设备的消毒工作，保证种蛋的清洁，减少粪便污染。做好育雏工作，防止因异物造成的机械性损伤。

（三）治疗

（1）庆大霉素注射液　每只雏鹅用量 2 000～4 000 U，每日肌内注射 1 次，连用 2～3 d。

（2）卡那霉素注射液　每只雏鹅用量 5 000～8 000 U，每日肌内注射 1 次，连用 2～3 d。

（3）红霉素粉剂　按每只雏鹅 10～15 mg 的剂量拌入饲料中，连用 3～5 d。

十一、啄癖

该病是由营养代谢机能紊乱，味觉异常和饲养管理不当引起的一种非常复杂的多种疾病的综合征。饲养密度过大、湿度过高、营养成分缺乏、光照强度过大或缺乏饱腹感等因素均可导致该病的发生。

（一）诊断

根据啄羽毛、啄翅、啄尾等临床表现即可确诊。

（二）防治

经常检查鹅群，发现有啄食癖和被啄伤的病鹅，应及时挑出，隔离饲养和治疗。在适当的高度绑挂青饲料让雏鹅啄食，可暂时终止啄癖。检查日粮配方是否符合营养标准。找出缺乏的营养成分，及时补给，可收到良好的效果。改善饲养管理，消除各种不良因素或应激原的刺激，如疏散密度，防止拥挤；注意通风，室温适度；调整光照，防止强光长时间照射；饮水槽和料槽数量要充足，放置要合理；饲喂时间应安排合理，防止过饥。另外，适当增加青粗饲料的饲喂比重，可增加饱腹感，进而减少啄癖的发生。

十二、球虫病

（一）病因

鹅球虫病，是由艾美尔属及泰泽属的球虫寄生于鹅的肠道或肾脏所引起的一种原虫性疾病，是鹅的主要寄生虫病之一。雏鹅最易感染，患病严重，死亡率高，主要特征为病鹅消瘦，贫血与下痢。成年鹅往往成为带虫者，影响增重和产蛋。

（二）症状

按球虫寄生部位不同，可分为肠虫球和肾球虫 2 种类型。

1. 肠球虫　在鹅肠道寄生的球虫中，以柯氏艾美尔球虫的致病力最强，能引起严重发病和死亡。病鹅开始精神不振，羽毛蓬乱，无光泽，缩颈，闭目呆立，有时卧地，头部弯曲伸至背部羽下，厌食或废绝，渴欲增加，先便秘后腹泻，由浓稠逐渐变为白色水样稀便，泄殖腔周围沾有稀便，表现为消瘦。后期由于肠道损伤引起出血性肠炎，出现翅膀轻瘫，稀便中带血，逐渐消瘦，发生神经症状，不久即死亡。剖检可见黏膜苍白，泄殖腔周围羽毛被粪血污染，急性重症肠黏膜增厚、出血、糜烂，在回盲段和直肠中段的肠黏膜具有糠麸样的假膜覆盖，肠黏膜上有溢血点和球虫结节，肠腔内有暗红色血凝块（彩图52、彩图53）。

2. 肾球虫　由致病力很强的截形艾美尔球虫引起，该种球虫分布很广，对 3～12 周龄的鹅有致病力，其死亡率高达 30%～100%，甚至引起暴发流行。发病急，精神沉郁，食欲不振，排白色粪便。翅膀下垂，目光迟钝，眼睛凹陷。存活者歪头扭颈，步态摇晃或以背卧地。剖检可见肾肿大，由正常的淡红色变为淡黄色或红色，可见有针尖大小的白色病灶或条纹状出血斑，在灰白色病灶中含有尿酸盐沉积物及大量卵囊。

（三）诊断

根据血便症状及肠假膜压片或肾组织压片的实验室镜检，可发现大量的裂殖体和卵囊；取肠内容物涂片镜检，能检出大量卵囊即可确诊。

（四）防治

加强饲养管理，及时清除粪便，经常更换垫料，并将清除物运往远离鹅场的下风头堆积发酵杀灭球虫卵囊。饲养场地要保持清洁、高燥，不在低洼、潮湿及被球虫污染地带放牧。

（五）药物防治

（1）球痢灵（二硝苯甲酰胺）　以 125 mg/kg 浓度混入饲料中，加喂 3～5 d。

（2）磺胺二甲基嘧啶　内服，每千克体重 0.07～0.1 g，日喂 2 次；或用复方敌菌净，每千克体重 30 mg，连用不超过 5 d。

（3）马林霉素　每升水加 2～2.5 mg，每千克饲料加 5 mg。

十三、翻翅病

（一）病因

鹅翻翅是由于鹅食中精饲料占日粮比例过大，日粮中矿物质不足，特别是钙质严重缺乏，且钙磷比例失调而引起的一种疾病。

（二）症状

患鹅双翅或单翅外翻，影响商品鹅的外观，也影响母鹅自然抱孵。据对雁鹅的观察，翻翅出现的时间是 50～80 日龄，正处中雏阶段，为翅膀迅速生长时期，如有病因存在，容易造成翅关节的移位，形成翻翅。

（三）诊断

根据表现症状即可进行诊断。

（四）防治

在易发病阶段，应注意饲料中各种营养成分的合理供给，尤其是钙磷的含量（0.8%～1.2%的钙和 0.4%的磷）。加强运动和放牧，多照日光也有利于预防该病。发现翻翅的鹅，可用绷带按正常位置固定，并适当增加饲料中钙磷等矿物质的含量。

第九章
鹅 场 建 设

第一节　场址选择与布局

一、场址选择

（1）符合当地农牧业生产发展总体规划、土地利用发展规划、城乡建设发展规划和环境保护规划的要求，无工业"三废"及农业、城镇生活、医疗废弃物等污染，避开水源保护区、风景名胜区、人口密集区等敏感区域。

（2）距离生活饮用水源地，居民区、文化教育科研等人口集中区域，动物屠宰加工场所，动物和动物产品集贸市场，动物隔离场所、无害化处理场所3 000 m以上；距离种畜禽场和高速公路、铁路等主要交通干线1 000 m以上；距离一般道路和动物饲养场500 m以上；距离动物诊疗场所200 m以上。

（3）生态环境良好，地势高燥，给排水、通风条件良好，背风向阳，地下水位较低，水源充足、水质良好，电力供给有保障，交通便利，地质条件满足工程建筑要求。

（4）场区地形开阔整齐，宜为正方形、长方形，避免狭长和多边角，坡度不宜过大。鹅舍占地面积按存栏鹅每只0.2～0.5 ㎡确定，且周边应有足够的农田或草原消纳养殖粪污。

鹅场按地势、风向分区规划见图9-1。

二、平面布置

（一）基本原则

（1）遵循因地制宜、科学饲养、环保高效的原则，统筹安排，合理布局，

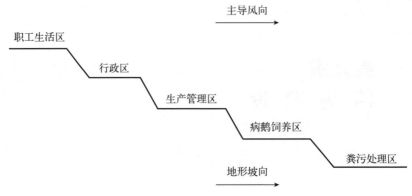

图 9-1　鹅场按地势、风向分区规划

保证符合环境保护、消防安全、动物防疫等要求，且尽量使建筑物长轴沿场区等高线布置。

（2）场区按当地全年主导风向或地势走向（由高到低）布局生活管理区、辅助生产区、生产和隔离区，当全年主导风向与地势走向不一致时，应以主导风向为主。各功能区的间距不少于 50 m，并用围栏或围墙隔开。

（3）场区周围设置围墙或围栏和防疫沟。围墙或围栏距建筑物不小于 3.5 m，距鹅舍不小于 6 m。

（4）配置相应的消防设施器材、水源贮存、净化设施和备用发电机组。

（二）生活管理区

生活管理区一般应紧邻场区大门内侧，集中布置办公室、财务室、接待室、档案资料室、职工生活用房和车辆消毒设施设备等。场区大门应位于场区主干道与场外道路连接处，设置门卫室、消毒室、淋浴室和更衣室。

（三）辅助生产区

辅助生产区主要布置饲料库和供水设施等。

（四）生产区

生产区主要布置鹅舍、蛋库等，入口处设人员消毒室、更衣室和车辆消毒设施，这些设施均应设置两个出入口，分别与生活管理区和生产区相通。各鹅舍之间距离不小于 20 m，且布局整齐。

（五）隔离区

隔离区主要布置兽医解剖室、药品储存室、隔离舍、养殖污染无害化处理设施等。粪污等废弃物储存场所地面全部采用水泥硬化，设置防雨顶棚和周边围护等设施，以防渗漏、溢流和雨水进入。

三、竖向设计

（1）舍内地面标高应高于舍外地面 0.2～0.4 m，并与场区道路标高相协调。场区道路设计标高应略高于场外路面标高。场区地面标高除应防止场地被淹外，还应与场外标高相协调。

（2）场区实行雨污分流，对自然降水采用有组织的排水；对场区污水采用暗管输送，集中处理。

四、场区道路

（1）场区内道路与建筑物长轴平行或垂直布置。道路与建筑物外墙最下部距离，若无出入口 1.5 m 为宜，若有出入口 3.0 m 为宜。

（2）净道和污道无交叉和重合。人员、蛋鹅和物资运转采取单一流向。净道主要用于雏鹅进场、运送饲料和饲养员行走等。污道主要用于粪便等废弃物出场。

（3）场内道路宜为水泥混凝土路面，也可用平整石块或石砾铺置。净道宽3.5～6.0 m，路面横坡 1.0%～1.5%，纵坡 0.3%～8.0%，转弯半径不小于8 m；污道宽 2.0～3.5 m，路面横坡 2.0%～4.0%，纵坡 0.3%～8.0%。

第二节　设施设备

一、鹅舍建筑

鹅舍坐北向南东西走向，全封闭。墙体和舍顶保温隔热，并符合防火要求。墙体内壁及地面光滑平整、防水、耐酸碱，便于清洗、消毒处理。舍内地面两侧设 30 cm 宽带漏缝地板的排水沟，由排水管道通往舍外污水排放系统。

二、设施设备

（一）饲养设备

包括育雏网架或笼具等，并配备自动给料系统、自动给水系统和机械清粪系统。

（二）供暖降温设施设备

宜采用热风炉供暖，并配备湿帘降温设备。

（三）消毒设施设备

场区大门处设置与大门同宽，长 8 m、深 0.3 m 的消毒池。消毒室安装喷雾消毒设施和紫外线灯，并配备消毒泵等消毒器械。每栋鹅舍入口处应设置长 1 m 以上的消毒池或消毒盆。

（四）水电设施

根据生产、生活及消防用水量、用电量分别配备供水系统和发电机组。

（五）光照设备

包括节能灯具及自动控光系统。

参 考 文 献

[1] 陈清, 赵文明, 吴信生, 等. 不同生长模型估计籽鹅早期体重发育规律及遗传参数 [J]. 中国家禽, 2006, 28 (24): 146-147.

[2] 李馨, 肖翠红, 颜国华, 等. 黑龙江籽鹅早期生长发育规律的研究 [J]. 家畜生态学报, 2006, 27 (5): 82-85.

[3] 周瑞进, 康波, 姜冬梅, 等. 东北白鹅和籽鹅体尺指标的测定及相关性分析 [J]. 黑龙江畜牧兽医, 2008 (2): 43-44.

[4] 陈遇英, 张玉杰, 郑炜, 等. 莱茵鹅-籽鹅杂交后代增重效果试验 [J]. 畜牧科学, 2009 (4): 40.

[5] 姜冬梅, 康波, 周瑞进, 等. 白鹅和籽鹅屠宰指标的测定及相关性分析 [J]. 江苏农业科学, 2011, 39 (4): 275-277.

[6] 毕秀平. 大蒜素对东北籽鹅生产性能的影响 [J]. 黑龙江畜牧兽医, 2006 (4): 46-47.

[7] 孙凤, 王丽辉, 张永胜. 提高籽鹅产蛋量的研究 [J]. 畜牧科学, 2006 (1): 44-45.

[8] 蔡军, 杨焕民, 李鹏, 等. 籽鹅促卵泡激素 β 亚基基因的克隆、序列分析及其原核表达载体的构建 [J]. 中国畜牧兽医, 2009, 36 (10): 47-50.

[9] 董重阳, 康波, 贾晓剑, 等. 籽鹅卵巢组织全长 cDNA 文库的构建及部分克隆序列分析 [J]. 农业生物技术学报, 2010, 18 (2): 389-393.

[10] 康波, 姜冬梅, 郭静茹, 等. 籽鹅卵巢组织差异表达基因的研究 [J]. 畜牧兽医学报, 2010 (6): 657-663.

[11] 康波, 姜冬梅, 刘本君, 等. 籽鹅卵巢组织中铁蛋白重链基因和 8 个新 ESTs 的定量研究 [J]. 繁殖生理, 2011, 47 (5): 16-19.

[12] 王丹, 郭景茹, 刘胜军, 等. 籽鹅卵巢产蛋性能相关基因全长 cDNA 序列的克隆与分析 [J]. 中国生物制品学杂志, 2010, 23 (12): 1320-1332.

[13] 宿甲子, 邓效禹, 郭景茹, 等. 籽鹅卵巢 5 个基因产蛋前期与产蛋期 mRNA 表达的研究 [J]. 中国兽医学报, 2011 (2): 275-278.

[14] 潘迎丽, 杨焕民, 周瑞进, 等. 籽鹅产肉性能与肉质特性的研究 [J]. 黑龙江畜牧兽医, 2007 (5): 50-52.

[15] 康波, 杨焕民, 刘胜军, 等. 东北白鹅和籽鹅血液生化指标 [J]. 中国兽医学报,

2006，26（6）：649－652.

［16］薛茂云，高玉时，唐修君. 籽鹅部分血液生化指标与屠宰性状的相关分析［J］. 畜牧与兽医，2010，42（2）：106－107.

［17］李馨，肖翠红，刘国君，等. 籽鹅生长期部分血液激素含量及 IGF-Ⅰ mRNA 表达量的研究［J］. 繁殖与生理，2006，42（7）：17－19.

［18］赵文明，陈清，程金花，等. 籽鹅 GH 基因内含子 3 多态性及其与体重和屠体性状的关联分析［J］. 畜牧兽医学报，2008，39（4）：443－448.

［19］马腾宇，邢志远，周瑞进，等. 籽鹅产蛋中后期产蛋性能与血清中生殖激素水平的测定［J］. 现代畜牧兽医，2008（4）：10－11.

［20］郭景茹，杨焕民，蔡军，等. 籽鹅促卵泡激素 β 亚基基因的克隆、序列分析及其原核表达载体的构建［J］. 中国畜牧兽医，2009，36（11）：77－81.

［21］邓效禹，宿甲子，杨焕民，等. 籽鹅垂体组织全长 cDNA 文库的构建及部分克隆序列分析［J］. 中国兽医学报，2011（4）：544－547.

彩图1　鸿　雁

彩图2　灰　雁

彩图3　籽鹅公鹅

彩图4　籽鹅母鹅

彩图5　籽鹅群

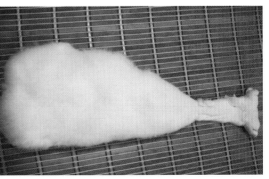

彩图6　优质绒裘皮

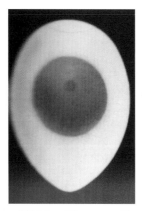

彩图7　第1～2天

蛋黄表面有一颗稍深、四周稍亮的圆点，俗称"鱼眼珠"

彩图8　第3～3.5天

可以看到卵黄囊血管区，其形状像樱桃形，俗称"樱桃珠"

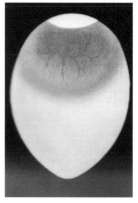

彩图9　第4～4.5天

卵黄囊血管的形状像静止的蚊子，俗称"蚊子珠"

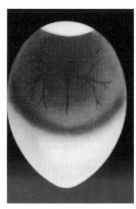

彩图10　第5.5～6天

胚胎和卵黄囊血管形状像一只小蜘蛛，俗称"小蜘蛛"

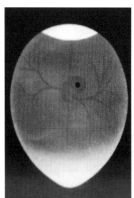

彩图11　第6.5天

明显看到黑色的眼点，俗称"起珠""单珠""起眼"

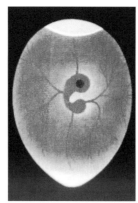

彩图12　第8天

胚胎形状似电话筒，俗称"双珠"

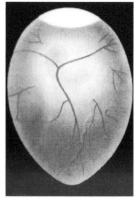

彩图13　第9天

胚胎活动较弱，加之周围羊水增多，似沉在羊水中，俗称"沉"

（正面）

彩图14　第10天

如果从胚蛋正面看，胚胎像在羊水中游泳一样，俗称"浮"

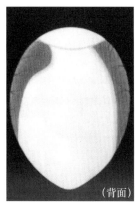

彩图 15　第 10 天

　　如果从胚蛋背面看，卵黄囊已扩大到胚蛋的背面

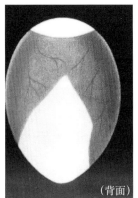

彩图 16　第 11～12 天

　　胚蛋背面尿囊血管已延伸越过卵黄，俗称"发边"

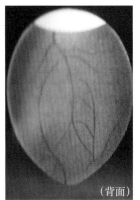

彩图 17　第 14～15 天

　　尿囊血管继续伸展，在胚蛋小头合拢，俗称"合拢"

彩图 18　第 16 天

　　血管加粗，血管颜色开始加深

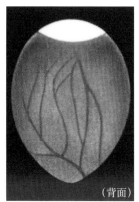

彩图 19　第 17 天

　　血管加粗，颜色逐渐加深

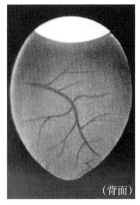

彩图 20　第 18 天

　　气室下面出现黑影

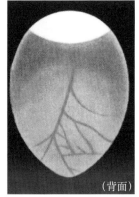

彩图 21　第 19 天

　　气室下面黑影部分逐渐加大

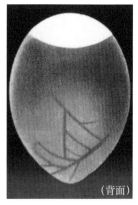

彩图 22　第 20 天

　　胚蛋内的黑影继续增大，但小头发亮部分逐渐变小

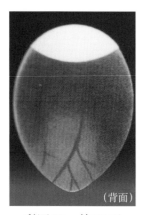

（背面）

彩图23　第21天

胚蛋内的黑影更大，蛋小头发亮部分更小

（背面）

彩图24　第22～23天

胚蛋小头对准光源，已看不到发亮部分，俗称"关门""封门"

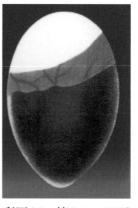

彩图25　第24～26天

气室向一方倾斜，俗称"斜口"

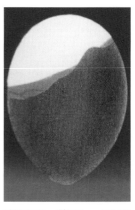

彩图26　第27～28天

气室内可以看到黑影在闪动，俗称"闪毛"

彩图27　第29～30天

雏鹅用喙将蛋壳穿破，喙伸入气室内，称"起嘴""啄壳"

彩图28　第30.5～31天，出壳

彩图29　摊床孵化法

彩图30　电机孵化法

彩图31　网上育雏结构

彩图32　网上育雏

彩图33　多层网上育雏

彩图34　地热育雏

彩图35　地面育雏

彩图36 塑料大棚内网上
与地面育雏

彩37 放牧与洗浴

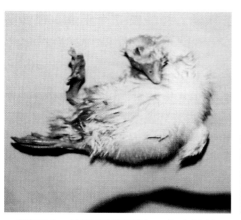

彩图38 病鹅颈部扭转，全身抽搐

彩图39 病鹅肠段增大

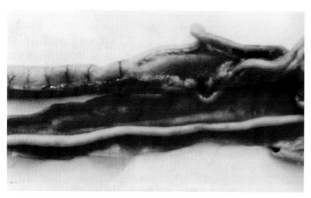

彩图40 病鹅肠段增大呈香肠状

彩图41 病鹅肠段凝固的栓子状物

彩图42 扭颈、转圈、仰头等神经
症状

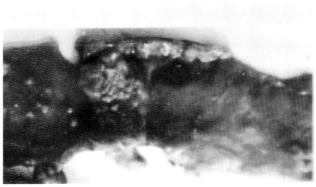

彩图43 肠黏膜枣核状坏死

彩图44 脾脏大理石样灰白色坏死灶

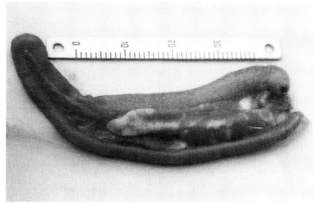

彩图45 胰腺灰白色坏死灶

彩图46 喉头黏膜、气管黏膜出血

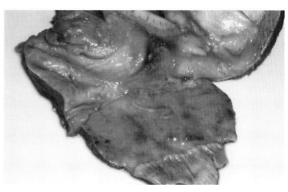

彩图47 腺胃及肌胃充血、出血

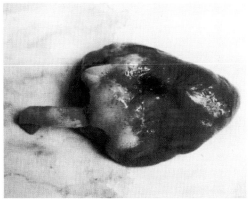

彩图 48　心冠沟及心外膜大量出血

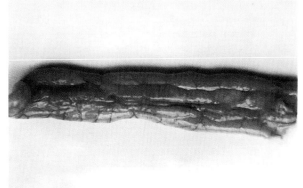

彩图 49　胰腺出血

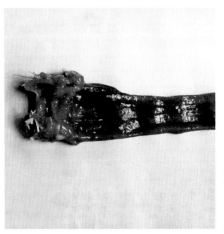

彩图 50　直肠及泄殖腔黏膜弥散性
　　　　　出血

彩图 51　卵泡充血变形

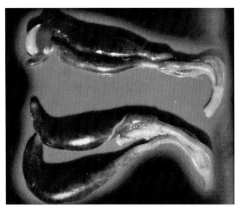

彩图 52　盲肠严重出血、肿胀

彩图 53　小肠浆膜上有红色出血点和灰白色
　　　　　坏死点